电网规划与评审手册系列

35~110kV电网建设规划评审手册

国网武汉供电公司　组编

中国电力出版社
CHINA ELECTRIC POWER PRESS

内容提要

本书依据国家现行法律法规，以及国家、行业标准、企业规程规范，结合35kV及以上电压等级的电网项目评审实际情况，按照管理内容简单实用、工作流程易于操作的原则编制而成。

本书共分6章，分别是可研评审管理办法、电网项目命名规则、电网项目设计深度要求、电网项目审查技术要点、电网项目评审案例、电网项目可研评审（内审）意见模板。

本书可供从事电网项目规划、设计、评审工作的技术人员、管理人员阅读，也可供基建工程建设管理人员参考。

图书在版编目（CIP）数据

35~110kV电网建设规划评审手册 / 国网武汉供电公司组编. -- 北京：中国电力出版社，2025. 2.（电网规划与评审手册系列）. -- ISBN 978-7-5198-9447-4

Ⅰ. TM727-62

中国国家版本馆CIP数据核字第20244W0W47号

出版发行：中国电力出版社
地　　址：北京市东城区北京站西街19号（邮政编码100005）
网　　址：http：//www.cepp.sgcc.com.cn
责任编辑：马淑范（010-63412397）
责任校对：黄　蓓　张晨荻
装帧设计：张俊霞
责任印制：杨晓东

印　　刷：廊坊市文峰档案印务有限公司
版　　次：2025年2月第一版
印　　次：2025年2月北京第一次印刷
开　　本：880毫米×1230毫米　32开本
印　　张：4.375
字　　数：104千字
定　　价：56.00元

编委会

丛书编委会

主　　任　夏怀民　汤定超

委　　员　田　超　笪晓峰　周　晖　沈永琰　刘文超
朱　伟　李东升　石一辉　陈　爽

本书编写组

主　　编　笪晓峰

副 主 编　刘文超　蔡黎明　王　睿

编写人员　陈　艳　陈小海　王　宣　马　潇　肖　峥
吕　文　邓健青　马　亮　邓　薇　石　莹
陈　琳　徐立超　聂添毅　黄　颖　鄢学聪
刘铃铃

前　言

本书依据国家现行法律法规，以及国家、行业标准、企业规程规范，结合国网武汉供电公司35kV及以上电压等级的电网项目评审实际情况，按照管理内容简单实用、工作流程易于操作的原则编制而成，适用于武汉供电公司电网项目评审工作的相关从业人员。

本手册共分6章，分别是可研评审管理办法、电网项目命名规则、电网项目设计深度要求、电网项目审查技术要点、电网项目评审案例、电网项目可研评审意见模板和重要文件汇编。第1章制定了电网项目可研评审管理办法，明确了可研评审的工作流程；第2章明确了不同类型的电网项目命名规则；第3章明确了不同类型的电网项目可研深度要求；第4章明确了各专业电网项目审查技术要点；第5章开展了实践中的电网项目评审案例分析；第6章编制了220~110kV电网基建工程可研内审会议纪要模板、110kV电网基建工程可行性研究报告评审意见模板；附录整理了国家法律法规、政府部门管理规定、技术导则、标准及技术规范、国家电网有限公司管理文件等关于电网项目评审相关文件清单。

本手册在编写过程中，得到国网武汉供电公司各部门及单位的大力支持和各级领导的悉心指导，凝聚了全体编著人员的辛勤汗水和努力。希望通过本手册，能够为广大读者提供更加有效的技术指引和工作帮助，为电网项目评审提供更加科学的理论支撑。

本手册适用于公司所属单位35kV及以上电压等级的电网建设项目评审工作。

目　录

前　言

1　可研评审管理办法 ……………………………… 1

1.1　总则 …………………………………… 1
1.2　职责与分工 …………………………… 1
1.3　评审计划管理 ………………………… 3
1.4　评审工作流程 ………………………… 3
1.5　技术监督流程 ………………………… 5
1.6　注意事项 ……………………………… 8
1.7　检查与考核 …………………………… 9
1.8　信息反馈 ……………………………… 9
1.9　附则 …………………………………… 9

2　电网项目命名规则 ………………………… 10

2.1　网架类项目命名规则 ………………… 10
2.2　电源（储能）接入配套项目命名规则 …… 13
2.3　用户接入配套项目命名规则 ………… 14
2.4　生产技改及设备大修项目命名规则 …… 14
2.5　其他项目命名规则 …………………… 16

3 电网项目设计深度要求 …… 17

3.1 一般规定 …… 17

3.2 工程概述 …… 19

3.3 电力系统一次侧 …… 20

3.4 电力系统二次侧 …… 26

3.5 变电站站址选择 …… 30

3.6 变电站工程设想 …… 33

3.7 送电线路路径选择及工程设想 …… 36

3.8 大跨越选点及工程设想 …… 38

3.9 节能、环保、抗灾措施分析 …… 40

3.10 工程量 …… 41

3.11 投资估算及经济评价 …… 42

4 电网项目审查技术要点 …… 44

4.1 电力系统一次专业评审要点 …… 44

4.2 电力系统二次专业评审要点 …… 50

4.3 变电电气专业评审要点 …… 56

4.4 变电土建专业评审要点 …… 58

4.5 线路专业评审要点 …… 61

4.6 停电方案评审要点 …… 68

4.7 老旧设备改造评审要点 …… 68

4.8 技经专业评审要点 …… 74

5 电网项目评审案例 …… 81
5.1 电力系统一次专业评审案例 …… 81
5.2 电力系统二次专业评审案例 …… 82
5.3 变电电气专业评审案例 …… 82
5.4 变电土建专业评审案例 …… 84
5.5 线路专业评审案例 …… 84
5.6 停电方案评审案例 …… 86
5.7 老旧设备改造评审案例 …… 87
5.8 技经专业评审案例 …… 87
6 电网项目可研评审（内审）意见模板 …… 91
6.1 220～110kV 电网基建工程可研内审会议纪要模板 …… 91
6.2 110kV 电网基建工程可行性研究报告评审意见模板 …… 92
附 录 …… 106

1 可研评审管理办法

1.1 总则

（1）为加强国网武汉供电公司 110 ～ 35kV 工程可研评审管理工作，规范工作流程，提高质量和效率，加强工程可行性研究质量，依据国家电网有限公司和国网湖北省电力公司有关规定，特制定本办法。

（2）本办法规定了 110 ～ 35kV 电网工程可研评审阶段国网武汉供电公司经济技术研究所（简称经研所）及各有关单位和部门的工作职责，评审工作流程，计划管理，评审文件管理，评价与考核，信息反馈等全过程管理内容。

（3）可研评审工作实行项目负责人制。

1.2 职责与分工

（1）供电企业发展策划部为 110 ～ 35kV 电网工程可研评审工作归口管理部门。

（2）经研所主网规划评审室负责武汉电网 110 ～ 35kV 电网项目可研评审、电源（用户）接入系统设计评审工作，承担

220kV 电网及其 110kV 配套送出工程可研内审工作。

（3）主网规划评审室主管职责。

1）根据供电企业年度里程碑计划及评审工作目标，编制相应的年度可研评审工作计划，确定项目负责人；

2）对可研评审意见进行初审；

3）负责组织编制完成可研评审工作年度质量报告。

（4）项目负责人职责。

1）贯彻执行适用的法律法规、技术标准和规程规范；

2）对负责的可研评审工作进行全过程控制，对评审工作的进度、质量全面负责；

3）负责项目评审会的组织与协调；

4）指导可研编制单位专业人员修改完善可研报告；

5）及时汇总和提交可研评审意见；

6）负责组织可研技术监督意见回复；

7）项目负责人应对编制单位提交的评审文件是否满足可行性研究内容深度进行审查。不满足要求的，应通知其补充、完善。

（5）评审人员职责。

1）评审人员按专业分为系统一次、系统二次、变电一次、变电二次、变电土建、线路电气、线路结构、变电技经、线路技经等专业；

2）评审人员应严格按照本专业及相关专业的现行规范、规程、规定和标准，对可研评审报告提出意见和建议。

（6）评审人员的评审意见应严谨、规范、合理，并对本专业评审意见负责。

1.3 评审计划管理

（1）为保证武汉电网项目前期里程碑计划的顺利完成，可研评审工作实施计划管理，在里程碑计划的指导下，按月度计划开展工作。

（2）主网规划评审室根据上级下达的年度电网项目前期里程碑计划，组织开展电网项目可研评审工作。在每周初制定详细的评审计划安排。

1.4 评审工作流程

（1）评审工作原则上采用线下会议形式，结合工程建设各个方面意见，共同讨论可行性研究报告，研究确定工程接入系统方案、主要技术方案、工程规模、投资估算，并形成可行性研究报告评审意见。

（2）可研评审工作共分为准备阶段（含可研内审）、评审阶段和提交评审意见三个阶段。

可研评审管理流程见本书附表 2-1。

可研评审工作流程图见本书附图 2-1。

（3）准备阶段工作。

1）项目负责人应提前与上级相关部门联系沟通可研内审会议各项事宜，要求可研报告资料必须在会议召开前至少 7 天送达，并提交上级相关部门反馈技术监督意见；

2）项目负责人应与各专业部门人员对可行性研究报告认真

预审，至少在可研内审会前 1 日提出预审意见及技术监督意见，并及时告知设计单位完善相关资料。

3）项目负责人负责可研内审会议的组织协调工作，通知相关部门、基层单位、设计单位的相关人员参会。

4）设计单位需对项目的编制原则、必要性、技术方案、项目规模、投资估算、可研经济性与财务合规性等内容进行说明，宜采用 PPT 等形式进行介绍。

5）各部门参会人员根据现行相关规范、规程、规定和标准，以及可研评审技术要点，对报告进行审查。

6）经研所组织设计单位在可研内审会上答复技术监督意见，发策部负责评价、协调各参会部门的可研内审意见，并确定最终意见。

7）经研所根据会上各部门意见于内审会后 7 日内出具可研内审意见，对于不具备可研评审条件项目将向所领导及企业发策部汇报。

（4）评审阶段工作。

1）可研评审会议议程包括：报告编制单位简要介绍项目 PPT、分专业讨论、形成评审意见；会议中重点检查项目的必要性、技术方案、项目规模、投资估算、可研经济性与财务合规性等内容；

2）评审人员需掌握本专业及相关专业的现行规范、规程、规定和标准，以及电网项目可研评审技术要点，严格进行专业审查；

3）若各专业间有需协调的问题时项目负责人可在会议进行

中及时协调，也可召集参会人员在总结会前召开碰头会讨论研究。会议结束前，各专业评审人员将评审意见汇总形成评审意见会上稿，在总结会上宣读并修订；

4）原则上可研评审需在评审会上完成收口，项目负责人负责收集修订后的项目评审意见会上稿，确认无误后相关人员才可离开会场。若在评审中出现重大不同意见或不确定性问题，项目负责人应及时与发策部汇报沟通，同时与可研评审专家商定可研评审收口时间。

（5）提交评审意见阶段工作。

1）评审意见模板由经研所统一提供，格式和字体应符合本企业发文要求；

2）在收到咨询意见后，经研所主网规划评审室项目负责人根据咨询意见提出可研评审意见，经所内审核流程形成经研所可研评审意见，经经研所分管领导审阅签发。以上全部工作在5个工作日内完成；

3）评审完成后设计单位需按评审意见修改可研报告，将审定版可研报告送经研所存档。

1.5 技术监督流程

（1）技术监督阶段工作。

1）在规划可研电网工程技术监督是指在本工程立项实施范围内进行的电网设备技术监督工作（含关联电网设备的改造升级）。对于超过工程立项实施范围的技术监督应由运检部提出并取得发策部或建设部认可，纳入工程实施范围，对于此类技术监督工作，原则上投资不超过工程总体投资 5%，上限额 50 万元；特殊事项一事一议。

2）由运检部组织开展 220 ～ 110kV 电网工程规划可研阶段技术监督工作。经研所于可研内审会前 7 个自然日，将规划可研报告提交运检部、建设部、数字化部（信通分公司）、调控中心，各专业部门组织相关主任工程师、技术人员开展审查，出具各专业与电网设备重要性能及指标相关的技术监督意见表（附具体技术文件条款），由运检部汇总各专业部门技术监督意见后最迟在可研内审会前 1 个工作日反馈发展部和经研所。在项目可研内审会上，由经研所组织可研设计单位答复监督意见，并在可研内审会后 2 个工作日内将书面技术监督意见答复发运检部和发展部，运检部在收到经研所技术监督意见书面答复 2 个工作日内报总工程师审核签字确认盖章后回复发展部和经研所。对于争议性技术监督意见由运检部、发展部、经研所协商审议后与已答复技术监督意见由运检部统一报总工程师审核签字确认盖章后 5 个工作日反馈发展部和经研所。技术监督意见表作为可研内审会议纪要附件，由发展部（经研所）提交省经研院。

3）由运检部组织开展 110 ～ 35kV 电网工程规划可研阶段技术监督工作，对于一流电网 110kV 电网工程，已组织可研内审并完成技术监督意见，因而不再组织可研评审阶段技术监督工作。对于 110 ～ 35kV 电网改扩建工程，经研所于可研评审会前 7 个自然日，将规划可研报告提交运检部、建设部、数字化部（信通分公司）、调控中心，各专业部门组织相关主任工程师、技术人员开展审查，出具各专业与电网设备重要性能及指标相关的技术监督意见表（附具体技术文件条款），由运检部汇总各专业部门技术监督意见后最迟在可研评审会前1个工作日反馈发展部和经研所。在项目可研评审会上，由经研所组织可研设计单位答复监督意见，并在可研评审会后2个工作日内将书面答复技术监督意见发运检部和发展部，运检部在收到经研所技术监督意见书面答复2个工作日内报总工程师审核签字确认盖章后回复经研所。对于争议性技术监督意见由运检部、发展部、经研所协商审定，与已答复技术监督意见由运检部将技术监督意见落实情况报总工程师审核签字确认盖章后5个工作日反馈发展部和经研所，发展部将技术监督意见表作为项目可研批复文件附件。

4）由调控中心组织110～35kV电网接入方案审查，发展部于可研评审会前7个自然日将电网接入方案提交设备部、建设部、调控中心，各专业部门组织审查相关技术条款，出具技术审查意见表，由调控中心汇总后反馈发展部和经研所。在项目可研评审会上，经研所负责答复审查意见，并将技术审查意见落实情况作为项目可研评审意见附件。

（2）根据省供电企业技术监督文件，如调控中心的技术审查意见表、技术监督意见表监督意见相同，则经研所回复技术审查意见表与技术监督意见表保持一致，并取得调控中心审核确认。

（3）对于经研所已经完成的书面技术监督意见答复，运检部在审核后，对于表述不清的技术监督意见答复由经研所统一校核后反馈运检部，运检部只对再次回复的技术监督意见审核并出具意见。

1.6 注意事项

（1）项目的来源应符合相关电网发展规划及供电企业对项目工作计划的要求，拟评审项目应在企业年度电网项目前期里程碑计划内。特殊项目应事先征得发展策划部同意方可列入评审计划。

（2）可研报告编制深度应满足以下要求。

1）电网项目可行性研究报告和电源（用户）接入系统报告应满足国家电网有限公司《220kV 及 110（66）kV 输变电工程可行性研究内容深度规定》（Q/GDW10270—2017）的规定。一般应包括以下内容：电网现状及本工程项目概述、电网发展规划、本工程在系统中的作用和地位、接入系统方案、变电站站址及工程设想、线路路径及工程设想、投资估算、可研经济性与财务合规性评价；

2）报告应符合国家电网有限公司“三通一标”“两型一化”变电站和“两型三新”线路等电网建设标准和要求；

3）报告基础资料应充分、真实、有效，条理清晰，问题阐述简洁、到位，论证过程合理、翔实，结论客观，目标电网规模、结构合理，可操作性强；

4）报告应附有项目所在地政府各部门的站址、路径等各项协议。

（3）可研评审会议由经研所主持召开。

（4）发展、财务、运检、建设、调控、信通等部门和单位参与工程可研评审，并提出专业意见。

（5）参加评审会议单位应充分发表专业建议，经沟通协调，形成统一的意见。

1.7 检查与考核

经研所规划评审室对可研评审工作的开展情况、报告质量、完成时限等进行评价与考核；评价与考核结合部门个人绩效工作一并开展。

1.8 信息反馈

（1）经研所应将评审情况及时反馈发展策划部。

（2）评审信息内容主要包括工程可研评审工作月度计划、工程可研评审工作情况统计表、工程可研评审工作中需要协调的主要问题。

1.9 附则

（1）本办法由经研所主网规划评审室负责解释。

（2）经研所其他各类项目可研评审参照执行本管理办法执行。

2 电网项目命名规则

2.1 网架类项目命名规则

2.1.1 输变电工程

项目命名规则：项目所在地 + 站名 + 电压等级（kV）+（补充描述）+ 项目类型。

输变电工程含变电、线路工程一般包括变电站新建工程、变电站改造工程、变电站主变压器扩建工程、变电站间隔扩建工程、变电站增容工程。

（1）变电站新建工程命名规则：

项目所在地 + 站名 + 电压等级（kV）+ 输变电工程

示例：湖北武汉东西湖红星 110kV 输变电工程

（2）变电站改造工程命名规则：

项目所在地 + 站名 + 电压等级（kV）+ 补充描述（一般为改造设备）+ 改造工程

示例：湖北武汉汉阳栖贤寺 110kV　3 号主变压器改造工程

（3）变电站主变压器扩建工程命名规则：

项目所在地 + 站名 + 电压等级（kV）+ 补充描述（一般为扩建主变压器编号）+ 主变压器扩建工程

示例：湖北武汉武昌余家头 110kV 3 号主变压器扩建工程

（4）变电站间隔扩建工程命名规则：

项目所在地 + 站名 + 电压等级（kV）+ 补充描述（一般为间隔名称）+ 间隔扩建工程

示例：湖北武汉东新佛祖岭 110kV 长飞间隔扩建工程

（5）变电站增容扩建工程命名规则：

项目所在地 + 站名 + 电压等级（kV）+ 补充描述（一般为增容主变压器编号）+ 主变压器增容工程

示例：湖北武汉江夏舒安 35kV 2 号主变压器增容工程

2.1.2 纯变电工程

命名规则：项目所在地 + 站名 + 电压等级（kV）+（补充描述）+ 项目类型

纯变电工程只含变电工程，不含线路工程，一般包括变电站新建工程、变电站改造工程、变电站主变压器扩建工程、变电站间隔扩建工程、变电站增容工程，命名规则与输变电工程类似。

（1）变电站新建工程命名规则：

项目所在地 + 站名 + 电压等级（kV）+ 变电站工程

示例：湖北武汉东西湖红星 110kV 变电站工程

（2）变电站改造工程命名规则：

项目所在地 + 站名 + 电压等级（kV）+ 补充描述（一般为改造设备）+ 改造工程

示例：湖北武汉汉阳栖贤寺 110kV　3 号主变压器改造工程

（3）变电站主变压器扩建工程命名规则：

项目所在地 + 站名 + 电压等级（kV）+ 补充描述（一般为扩建主变压器编号）+ 主变压器扩建工程

示例：湖北武汉武昌余家头 110kV　3 号主变压器扩建工程

（4）变电站间隔扩建工程命名规则：

项目所在地 + 站名 + 电压等级（kV）+ 补充描述（一般为间隔名称）+ 间隔扩建工程

示例：湖北武汉东新佛祖岭 110kV 长飞间隔扩建工程

（5）变电站增容扩建工程命名规则：

项目所在地 + 站名 + 电压等级（kV）+ 补充描述（一般为增容主变压器编号）+ 主变压器增容工程

示例：湖北武汉江夏舒安 35kV　2 号主变压器增容工程

2.1.3　纯线路工程

命名规则：项目所在地 + 站名～站名（或线路名称）+ 电压等级（kV）+ 项目类型

纯线路工程包括线路新建、改造等。

（1）线路新建工程命名规则：

项目所在地 + 站名～站名 + 电压等级（kV）+ 线路新建工程

示例：湖北武汉庙山～龙泉 1 号 220kV 线路新建工程

（2）线路改造工程命名规则：

项目所在地 + 站名～站名（或线路名称）+ 电压等级（kV）+ 线路改造工程

示例：湖北武汉江夏山坡～舒安 35kV 线路改造工程

（3）升压或降压工程命名规则：

项目所在地 + 站名 + 电压等级（kV）+ 升压（降压）工程

示例：湖北武汉黄陂向阳 35kV 升压工程

（4）变电站配套送出工程命名规则：

项目所在地 + 站名（带电压等级）+ 电压等级（kV）+ 配套送出工程

示例：武汉煤场 220kV 变电站 110kV 配套送出工程

（5）独立电力管沟土建工程命名规则：

项目所在地 + 具体地点 + 电力管沟工程

示例：湖北武汉江岸球场街电力管沟工程

2.2 电源（储能）接入配套项目命名规则

2.2.1 电源送出工程

命名规则：项目所在地 + 电源名称（水电、风电、光伏、燃气等）+ 电压等级（kV）+ 送出工程

示例：湖北武汉黄陂刘家山风电场 110kV 送出工程

2.2.2 储能送出工程

命名规则：项目所在地 + 储能名称（抽水、电池、超级电容、热储能等）+ 电压等级（kV）+ 送出工程

示例：湖北武汉黄陂某抽水储能电站 110kV 送出工程

2.3 用户接入配套项目命名规则

2.3.1 电铁供电工程

命名规则：铁路简称 + 项目所在地 + 牵引站名 + 电压等级（kV）+ 外部供电工程

示例：湖北武汉新洲阳逻牵引站 110kV 外部供电工程

2.3.2 常规用户接入配套工程

命名规则：项目所在地 + 用户名称 + 电压等级（kV）+ 业扩配套工程

示例：湖北武汉江夏汤湖变电站间隔扩建东湖实验室 110kV 业扩配套工程

2.4 生产技改及设备大修项目命名规则

2.4.1 电网一次项目

（1）技改项目命名规则：

项目所属单位 + 变电站（线路）电压等级（kV）+ 调度名称 + 设备电压等级（kV）+ 设备（设施）名称 + 改造（更换、建设等）项目内容简述

示例：国网湖北武汉供电公司 220kV 某线锈蚀地线更换及拉线塔改造

（2）大修项目命名规则：

项目所属单位 + 变电站（线路）电压等级（kV）+ 调度名称 + 设备电压等级（kV）+ 设备（设施）名称 + 大修（检修、修理、治理等）项目内容简述

示例：国网湖北武汉供电公司 110kV 某线大修

2.4.2 二次系统项目

（1）技改项目。

1）命名规则 1：项目所属单位 + 变电站（线路）电压等级（kV）+ 调度名称 + 设备（设施）名称 + 改造（更换、建设等）项目内容简述

示例：国网湖北武汉供电公司 35kV 某变电站三遥功能完善改造

2）命名规则 2：项目所属单位 + 调度系统（自动化、通信系统等）名称 + 改造（建设等）项目内容简述

示例：国网湖北武汉供电公司综合自动化系统远动通信机改造

（2）大修项目。

1）命名规则 1：项目所属单位 + 变电站（线路）电压等级（kV）+ 调度名称 + 设备（设施）名称 + 大修（检修、修理、治理等）项目内容简述

示例：国网湖北武汉供电公司 110kV 某线 OPGW 光缆大修

2）命名规则 2：项目所属单位 + 调度系统（自动化、通信系统等）名称 + 大修（检修、修理、治理等）项目内容简述

示例：国网湖北武汉供电公司主调 UPS 电源系统大修

2.5 其他项目命名规则

2.5.1 技改项目

命名规则：项目所属单位 + 设备（设施）名称 + 改造（更换、建设等）项目内容简述

示例：国网湖北武汉供电公司带电作业工器具室改造

2.5.2 大修项目

命名规则：项目所属单位 + 设备（设施）名称 + 大修（检修、修理、治理等）项目内容简述

示例：国网湖北武汉供电公司绝缘安全工器具修理

3　电网项目设计深度要求

3.1　一般规定

（1）输变电工程可行性研究必须贯彻国家的技术政策和产业政策，执行各专业的有关设计规程和规定。推进资源节约型、环境友好型电网建设（简称“两型”电网建设）。推广通用设计、通用造价、通用设备，促进标准化建设。积极采用电网新技术，不断提高电网技术水平，注重环境保护，促进节地、节能、节材，提高电网输配电能力，降低输电成本，控制工程造价。

（2）编制可行性研究报告应以审定的电网规划为基础，原则上已列入电网规划的 220kV 及 110（66）kV 输变电工程才具备开展可研等前期工作的条件。

（3）编制可行性研究报告时，设计单位必须严格、准确、充分地掌握设计原始资料和基础数据。

（4）当有多个设计单位参加同一项目的可行性研究报告编制时，应明确其中一个为总体设计单位，总体设计单位应对其他各协作设计单位的设计内容负责，对相关工作的配合、协调和归口负责，对接受工程外委项目的各设计和测试单位的资质提出意见，并负责将各外委单项可行性研究报告或试验研究等报告的主要内容及结论性意见经分析和整理后归纳到可行性研究总报告中。

（5）可行性研究报告应满足以下要求：

1）在电网规划的基础上，重点对项目的必要性、系统方案及投产年进行充分的论证分析，分析项目及方案的节能降耗效益，提出项目接入系统方案、远景规模和本期规模。

2）提出影响项目规模、技术方案和投资估算的重要参数要求。

3）提出二次系统的总体方案。

4）对新建工程站址进行全面技术经济比较，进行必要的调查、收资、现场踏勘、勘测和试验工作，提出推荐意见。新建工程原则上应有两个及以上可行的站址。

5）对新建线路的路径方案进行技术经济比较，对大跨越工程，跨越点位置应结合路径方案进行全面的技术、节能及经济比较，并进行必要的调查、收资、勘测和试验工作，提出推荐意见。

6）投资估算应能满足控制概算的要求，并应与通用造价、工程限额设计控制指标进行对比分析。

7）经济评价所需的原始资料切合实际，测算的电网电价调整需求合理、可信。

8）取得规划、国土等必要协议。

（6）可行性研究报告分系统论证部分、变电部分、线路部分、技术经济部分以及专题报告。系统部分应包括电力系统一次、电力系统二次、节能降耗分析；变电部分应包括变电站工程选址及工程设想、节能降耗分析；线路部分应包括线路工程选线及工程设想、节能降耗分析；技术经济部分应包括投资估算及经济评价；必要时以专题报告形式进行研究。各报告说明书应按要求编写，并应有附件和附图，其他报告也应有必要的附图。应有专门章节说明新技术在本工程中的推广应用情况。

（7）电网技术方案应采用通用设计方案，并在可研报告中说明采用的设计方案，对确实不能采用的应说明原因。

3.2 工程概述

3.2.1 设计依据

（1）说明工作任务的依据，经批准或上报的前期工作审查文件或指导性文件。

（2）与本工程有关的其他重要文件。

（3）与委托方签订的设计咨询合同。

3.2.2 工程概况

（1）简述工程概况，电网规划情况及前期工作情况。对扩建、改建工程，应简述先期工程情况。

（2）简述近期电力网络结构，明确与本工程相连的线路起讫点及中间点的位置、输电容量、电压等级、回路数、线路长度、导线截面及是否需要预留其他线路通道等。

（3）说明变电站进出线位置、方向、与已建和拟建线路的相互关系。

（4）说明线路所经过地区的行政区划。

（5）说明变电站地理位置与网络位置。

3.2.3 设计水平年

根据电网规划合理选定工程设计水平年及远景水平年。

3.2.4 主要设计原则

（1）根据电力发展规划的要求，结合工程建设条件等提出本项目的设计特点和相应的措施。

（2）简述各专业的主要设计原则和设计指导思想。

（3）采用新技术及标准化情况。

3.2.5 设计范围及配合分工

（1）说明本设计应包括的内容和范围。

（2）说明与外部协作项目，以及涉及的分工界限。

（3）对扩建、改建工程，说明原有工程情况与本期建设的衔接和配合。

3.3 电力系统一次侧

论证项目建设的必要性，对建设方案进行技术经济节能等综合比较，提出推荐方案，确定合理的工程规模和投产年限。进行必要的电气计算，对有关的电气设备参数提出要求。

3.3.1 电力系统概况

（1）系统现况。概述与本工程有关电网地区的全社会、全网（或统调）口径的发电设备总规模、电源结构、发电量；全社会、全网（或统调）口径用电量、最高负荷及负荷特性；电网输变电设备总规模；与周边电网的送受电情况；供需形势；主网架结构、与周边电网的联系及其主要特点。

说明本工程所在地区同一电压等级电网的变电容量、下网负荷，所接入的发电容量，本电压等级的容载比；电网存在的主要问题；主要在建发输变电工程的容量、投产进度等情况。

（2）负荷预测。介绍与本工程有关的电力（或电网）发展规划的负荷预测结果，根据目前经济发展形势和用电增长情况，提出与本工程有关电网规划水平年的全社会、全网（或统调）负荷预测水平（包括电量及负荷），分析水平年的负荷特性。

（3）电源建设安排及电力电量平衡。根据经评审过的相关规划设计，概述与本工程有关电网设计水平年内和远景规划期内的装机安排，列出规划期内电源名称、装机规模、装机进度和机组退役计划表。计算与项目有关地区的逐年电力、电量平衡，确定与工程有关的各供电区间电力流向及同一供电区内各电压等级间交换的电力。

（4）电网规划。概述与本工程有关的电网规划。

3.3.2 工程建设必要性及其标准

（1）工程建设必要性。根据与本工程有关的电网规划及电力平衡结果，关键断面输电能力，分析本工程（含电网新技术应用）建设的必要性、节能降耗的效益及其在电力系统中的地位和作用，说明本工程的合理投产时机。

（2）220kV 及 110（66）kV 新建、改（扩）建输变电工程的建设必须满足以下标准之一，才具备审批可行性研究报告的条件。

1）项目投产年，该电压等级全省平均容载比低于 2.0，同时项目所在地容载比低于 1.8，且全省本电压等级的降压变电容量与电源容量（并入本电压等级的发电机组升压容量与上一电压等级的降压容量之和）的比值低于 1.2。

2）正常方式下，输电线路长期所承担的负荷已达到或超过该线路热稳定限值，且通过调整运行方式无法改善的。

3）项目所在地区同一电压等级电网的主变压器不满足 N–1 准则的要求，即一台变压器故障或检修停运时，其负荷可自动转移至正常运行的变压器，通过下一电压等级转移负荷后，正常运行变压器短时允许的过载率超过 1.3，或长期负荷超过其额定容量。本规定所指的 N–1 准则是指在正常运行方式下的 N–1 准则，不包括检修或故障方式下的 N–1 准则（下同）。

4）项目所在地区同一电压等级电网存在输电线路不满足 N–1 准则的要求，即一回线路停运时，潮流自动在同一电压等级的其他线路之间自动分配后，其他线路所输送的负荷不超过正常运行线路的安全电流限值（热稳定电流限值）。

5）在电网正常运行方式和无功补偿装置、发电机调压功能正常运行的条件下，下一电压等级电网输电距离远，电压损失高于表 3-1 规定的数值，电网调压计算表明通过加装无功补偿装置效果不大且近期没有规划建设上一电压等级输变电项目的。

表 3-1　　电压损失分配

电压等级	电压损失分配值（%）	
	变压器	线路
220kV 及以上	＜2	＜3
110kV、66kV	2～5	4.5～7.5
35kV	2～4.5	2.5～5
20kV、10kV 及以下	2～4	8～10
其中：20kV 或 10kV 线路		2～4
配电变压器	2～4	
低压线路（包括接户线）		4～6

6）高一电压等级输变电工程的送出工程。

7）已取得国家投资管理部门同意开展前期下作的电源项目或有审批权的地方政府投资管理部门同意开展前期工作的可再生能源发电项目的送出工程、电气化铁路供电工程等。

8）地方政府或其他投资主体同意垫付工程建设投资或承担工程提前投资建设所引起财务费用的。

9）其他符合规定的新建、改（扩）建输变电工程。

（3）存在以下问题之一者，不宜开展可研工作：

1）项目不具备建设条件的。

2）采用落后工艺、技术、设备，不符合通用设计要求，未采用新技术，环保、能耗指标不符合国家要求的。

3）根据国家有关规定应由用户投资建设的专用供电工程。

4）因道路建设、房地产开发需要迁移或改造现有输变电设施，根据国家有关规定应由项目建设单位投资迁改的。

5）其他不符合投资管理规定的项目。

3.3.3 接入系统方案

根据电网规划、原有网络特点、负荷分布、断面输电能力、先进适用新技术应用的可能性等情况，提出接入系统方案，必要时进行多方案比选，提出推荐方案。确定变电站远景规模，包括主变压器规模、各电压等级出线回路数和连接点的选择。确定本期规模，包括主变压器规模、各电压等级出线回路数和连接点的选择。必要时可对与本工程有关的下一级电压等级电网开展研究。

3.3.4 电气计算

（1）潮流稳定计算。根据电力系统有关规定，进行正常及故障运行方式下的潮流稳定计算分析，校核推荐方案的潮流稳定和网络结构的合理性，并为选择送电线路导线截面和变电设备的参数提供依据，110（66）kV 输变电工程的计算可适当简化。

（2）短路电流计算。

1）按设备投运后 5 ～ 10 年左右的系统发展，计算与本工程有关的各主要枢纽点最大三相和单相短路电流，选择新增断路器的遮断容量，校核已有断路器的适应性。

2）系统的短路电流宜限制在合理的水平，必要时开展短路电流专题研究，提出限制短路电流的措施和要求。

3.3.5 无功补偿平衡及调相调压计算

对设计水平年推荐方案进行无功平衡计算，研究大、小运行方式下的无功平衡，确定无功补偿设备的型式、容量及安装地点；选择变压器的调压方式。必要时，应对调相调压进行专题计算。

3.3.6 线路型式及导线截面选择

根据正常运行方式和事故运行方式下的最大输送容量，考虑到电网发展，必要时对不同导线型式及截面、网损等进行详细技术经济比较，确定线路型式（含紧凑型线路）及导线截面。

3.3.7 主变压器选择

根据分层分区电力平衡结果。结合系统潮流、负荷增长情况，合理确定本工程变压器单组容量、本期建设的台数和终期建设的台数。

3.3.8 系统对有关电气参数的要求

（1）主变压器参数。结合潮流、调相调压及短路电流计算，确定变压器的额定主抽头、阻抗、调压方式等。

（2）短路电流水平。提出变电站高、中压母线侧短路电流水平；必要时，应结合系统要求，对变电站母线通流容量、电气设备额定电流提出初步要求。

3.3.9 无功补偿容量

按变电站规划规模和本期规模，根据分层分区无功平衡结果，结合调相、调压计算，分别计算提出远期和本期低压无功补偿装置分组数量、分组容量。

3.3.10 电气主接线

结合变电站接入系统方案及分期建设情况，提出系统对变电站电气主接线的要求。

3.3.11 电力系统一次部分结论与建议

说明本工程建设的必要性、投产时间、节能降耗效益，推荐接入系统方案、工程规模及有关电气参数，必要时提出需进一步分析研究的关键问题和下一步工作建议。

（1）变电站工程。说明变电站终期及本期变压器容量、台数；各电压等级出线回路数、出线方向；无功补偿装置型式、容量、台数、安装位置。对扩建、改建工程，应说明工程终期、已建及本期建设规模。

（2）线路工程。说明线路起点、长度、导线型式及导线截面。

3.4 电力系统二次侧

设计应根据保护、自动化、通信等新技术的发展，积极采用先进适用技术，并有效实现各应用系统的衔接与整合。

3.4.1 系统继电保护

（1）现状和存在的问题。概述与本工程有关的系统继电保护现状，包括配置、通道使用情况、运行动作情况，并对存在的问题进行分析。

（2）系统继电保护配置方案。分析一次系统对继电保护配置的特殊要求，论述系统继电保护配置原则。提出与本工程相关线路保护、母线保护、自动重合闸、故障录波器及专用故障测距等的配置方案。

（3）保护及故障信息管理系统子站。概述与本工程相关的电网保护及故障信息管理系统配置情况，提出本工程子站配置原则。

（4）对通信通道的技术要求。提出保护对通信通道的技术要求，包括传输时延、带宽，接口方式等。

（5）对相关专业的技术要求。提出对TA，直流电源等的技术要求。

3.4.2 安全稳定控制装置

以一次系统的潮流、稳定计算为基础，进行必要的补充校核计算，对系统进行稳定分析，提出是否需配置安全稳定控制装置。

3.4.3 调度自动化

（1）现状及存在的问题。概述与本工程相关的调度端能景管理系统、调度数据网络等的现状及存在问题。

（2）远动系统。根据调度关系，提出远动系统配置方案，明确技术要求及远动信息采集和传输要求。

（3）相关调度端系统。根据电网二次系统规划，结合本工程建设，说明完善和改造相关调度端系统的必要性、可行性，提出改造完善方案和投资估算。

3.4.4 电能计量装置及电能量远方终端

（1）现状及存在的问题。简述与本工程有关的电能量计量（费）系统现状及存在的问题。

（2）电能计量装置及电能量远方终端配置。根据各相关电网电能量计量（费）建设要求，提出本工程计费、考核关口计量点设置原则，明确关口表和电能量采集处理终端配置方案，提出电能量信息传送及通道配置要求。

3.4.5 调度数据通信网络接入设备

根据相关调度端调度数据通信网络总体方案要求，分析本工程在网络中的作用和地位，提出本工程调度数据通信网络接入设备配置要求、网络接入方案和通道配置要求。

3.4.6 二次系统安全防护

根据电力二次系统安全防护总体要求，分析本工程各应用系统与网络信息交换、信息传输和安全隔离要求，提出二次系统安全防护设备和软件配置要求。

3.4.7 系统通信

（1）现状及存在的问题。概述与本工程相关的通信传输网络、调度程控交换网、综合数据网等的现状及存在的问题，与本工程相关的已立项或在建通信项目情况等。

（2）需求分析。根据各相关的电网通信规划，分析本工程在通信各网络中的地位和作用，分析各业务应用系统（包括保护、安全自动装置、信息系统）对通道数量和技术的要求。

（3）系统通信方案。根据需求分析，提出本工程系统通信建设方案，包括光缆建设方案、光通信电路建设方案、组网方案、载波通道建设方案，微波通道建设方案等。

设计宜提出 2 个可行方案，并进行相应的技术经济比较，提出推荐方案。

（4）通道组织。提出推荐通信方案的通道组织。

（5）综合数据网。根据相关电网综合数据通信网络总体方案要求，分析本工程在网络中的作用和地位及各应用系统接入要求，提出本工程综合数据通信网络设备配置要求、网络接入方案和通道配置要求。

3.4.8 电力系统二次系统结论及建议

对电力系统二次部分提出结论性意见及建议。对于与本工程有关的系统二次部分单项工程，投资须计入本工程，并单独列出。

3.5 变电站站址选择

应结合系统论证工作，进行工程选站工作。应充分考虑站用水源、站用电源、交通运输、土地用途等多种因素，重点解决站址的可行性问题，避免出现颠覆性因素。

3.5.1 基本规定

（1）工程站址选择过程概述。

（2）据系统要求，原则上宜提出两个或两个以上可行的站址方案，对于市区变电站工程，原则上应与城市规划和土地规划相结合确定站址方案。

3.5.2 站址区域概况

（1）站址所在位置的省、市、县、乡镇、村落名称。

（2）站址地理状况描述：站址的自然地形、地貌、海拔、自然高差、植被、农作物种类及分布情况。

（3）站址土地使用状况：说明目前土地使用权，土地性质，地区人均耕地情况等。

（4）交通情况：说明站址附近公路、铁路、水路的现状和与站址位置关系，进站道路引接公路的名称、路况及等级。

（5）与城乡规划的关系及可利用的公共服务设施。

（6）矿产资源：站址区域矿产资源及开采情况，对站址安全稳定的影响。

（7）历史文物：文化遗址、地下文物、古墓等的描述。

（8）邻近设施：站址附近军事设施、通信电台，飞机场、导航台、风景旅游区和各类保护区等与变电站的相互影响。

3.5.3 站址的拆迁赔偿情况

应说明站址范围内已有设施和拆迁赔偿情况。

3.5.4 出线条件

按本工程最终规模出线回路数，规划出线走廊及排列次序。根据本工程近区出线条件，研究确定本期一次全部建设或部分建设变电站出口线路的必要性和具体长度。

3.5.5 站址水文气象条件

（1）水位：说明频率2%时的年最高洪水位；说明频率2%时的年最高内涝水位或历史最高内涝水位，对洪水淹没或内涝进行分析论述。

（2）气象资料：列出气温、湿度、气压、风速及风向、降水量、冰雪、冻结深度等气象条件。

（3）防洪涝及排水情况：应说明站区防洪涝及排水情况。

3.5.6 水文地质及水源条件

（1）说明水文地质条件、地下水位情况等。

（2）说明水源、水质、水量情况。

3.5.7 站址工程地质

（1）说明站址区域地质、区域构造和地震活动情况，确定地震基本烈度，本阶段勘测应对站址方案的稳定性作出评价。

（2）说明站址的地形、地貌特征，地层岩性、岩土结构、成因类型及分布，确定地基类型。

（3）了解站址及附近地区的不良地质现象，并对其危害程度和发展趋势作出判断，提出防治措施的建议。

（4）建议地基处理方案及工程量预估。

（5）推荐两个或两个以上场地相对稳定，工程地质较好的站址方案。

3.5.8 土石方情况

说明土质结构比，预估土石方工程量和费用，说明取土土源。弃土地点等情况。

3.5.9 进站道路和交通运输

（1）进站道路：说明进站道路的引接方案，需新建道路和改造道路等的工程量。

（2）交通运输：说明大件运输的条件并根据水路、陆路、铁路等情况综合比较运输方案，运输条件困难地区应做大件运输专题报告。

3.5.10 推荐站址方案

对各方案建设条件和建设投资、运行费用进行综合经济技术比较，提出推荐站址方案，并对推荐理由作简要论述。

3.5.11 收集资料情况和必要的协议

（1）说明与有关单位收集资料和协商的情况，取得规划、国土等必要协议。

（2）应将取得的协议作为附件列入可行性研究报告。

3.5.12 勘测要求

勘测探测点布置要求：简单场地的探测点，按规模应不少于2～4个；在复杂及中等复杂场地的探测点应按地质单元布置，探测点间距可为100m，按网状布置。

3.6 变电站工程设想

3.6.1 电网概况

简述工程所在地近远期电力网络结构、变电站变电容量、各级电压出线回路数、无功补偿等。

3.6.2 电气主接线及主要电气设备选择

根据变电站规模、线路出线方向、近远期情况，系统中位置和站址具体情况，在进行综合分析比较的基础上，对变电站的电气主接线和主要电气设备的选择提出初步意见。对新技术的采用进行简要分析。对采用紧凑型设备和大容量电气设备方案，需进行技术经济比较，提出推荐意见。

对于扩建变压器、间隔设备工程，需注意与已有工程的协调，校核现有电气设备及相关部分的适应性，有无改造搬迁工程量。

3.6.3 电气布置

说明各级电压出线走廊、排列顺序，全站电气总平面布置方案。

简述各级高压配电装置型式选择、高压配电装置的间隔配置及近远期配合措施。

根据土壤情况，分析确定接地网型式。

3.6.4 电气二次

简述控制方式的选择，提出监控系统的主要设计原则。对需结合本工程改造的控制系统，应提出设计方案，说明必要性、可行性，提出改造方案和投资估算。

简述直流电源系统电压选择，提出直流电源系统及交流不停电电源（UPS）装置配置方案简要说明主要元件保护、GPS 对时系统、图像监视系统等的配置原则。

简要说明控制室、继电器小室等二次设备布置的主要设计原则。

3.6.5 站区总体规划和总布置

说明站区总体规划的特点，进出线方向和布置，进站道路的引接和长度，对站区总平面布置方案和竖向布置方式的设想，场地设计标高的选择，站区防洪防涝措施的规划，预估站区围墙内占地面积和本工程共需征地面积。

3.6.6 建筑规模及结构设想

（1）说明全站主要建（构）筑物的设想，预估全站总建筑面积。

（2）简述主要建（构）筑物的结构型式的设想。

（3）简述地基处理方案的设想。

（4）建构筑物应考虑节能措施。

3.6.7 供排水系统

简述变电站供、排水的设想和设计原则。

3.6.8 采暖、通风和空气调节系统

提出站区采暖、通风和空气调节系统的设想和设计原则。

3.6.9 火灾探测报警与消防系统

提出站区主要建构筑物的消防设想和设计原则。

3.7 送电线路路径选择及工程设想

3.7.1 概况

（1）简述近期电力网络结构，明确本线路是否为重要线路，线路起点及中间落点的位置、输电容量、电压等级、回路数、导线截面及是否需要预留其他线路通道等。根据电网规划，线路路径要兼顾将来中间线路破口。

（2）说明变电站进出线位置、方向、与已建和拟建线路的相互关系，远近期过渡方案。

3.7.2 线路路径方案

（1）送电线路路径选择应重点解决线路路径的可行性问题，避免出现颠覆性因素。宜选择 2 ～ 3 个可行的线路路径，并提出推荐路径方案。明确线路进出线位置、方向，与已有和拟建线路的相互关系，重点了解与现有线路的交叉关系。

（2）路径方案概述。包括各方案所经市、县名称，沿线自然条件、水文气象条件、地质条件、交通条件、城镇规划，重要设施、自然保护区、环境特点和重要交叉跨越等。

（3）各方案对电信线路和无线电台站的影响分析。

（4）各方案林木砍伐和拆迁简要情况及对环境影响的初步分

析。对跨越树木的应取得林业部门关于树高的证明，跨越苗圃、经济林的应取得相关协议。

（5）同一方向线路，需对采用同塔双回路、多回路进行论述。

（6）对比选方案进行技术经济比较，说明各方案路径长度、地形比例、曲折系数、房屋拆迁量、节能降耗效益等技术条件、主要材料耗量、投资差额等，并列表进行比较后提出推荐方案。

（7）推荐路径方案描述。

1）对推荐路径方案作简要说明。

2）说明推荐路径方案与沿线主要部门和单位的原则性协议情况。

3.7.3 工程设想

（1）推荐路径方案主要涉及气象条件。

1）设计最大风速情况。

2）设计覆冰情况，有无重冰区。

3）对特殊气象区需较详细调查、论证。

（2）线路导地线型式。

1）根据系统要求的输送容量及沿线海拔、冰区划分、大气腐蚀等，推荐选定的导线型号。

2）根据导地线配合、地线热稳定、系统通信等要求，推荐地线型号。

3）列出推荐的导地线机械电气特性，防震、防舞措施。

（3）绝缘配置。确定绝缘配置原则，推荐选择绝缘子型式及片数，防污设计。

（4）线路主要杆塔和基础型式。

1）结合工程特点，进行全线杆塔塔型规划并提出杆塔主要型式。

2）结合工程特点和沿线主要地质情况，提出推荐的主要基础型式。

3）提出特殊气象区的杆塔型式论证情况。

（5）结合工程特点进行工程最终造价分析。

3.8 大跨越选点及工程设想

3.8.1 跨越点位置和跨越方式

跨越位置选择应重点解决跨越位置的可行性问题，避免出现颠覆性因素。

（1）基本规定。

1）跨越点位置选择过程概述。

2）每个工程应提出两个或两个以上可比的跨越点位置方案。

3）以每个跨越点位置和跨越方式为单元，进行有关方面的论述。

（2）跨越点位置概况。各方案所经市、县名称，沿线自然条件、水文气象条件、地质条件、交通条件、城镇规划、重要设施、自然保护区、环境特点等。

（3）跨越点位置工程地质。说明跨越点位置区域地质、区域构造和地震活动情况，确定地震基本烈度。说明跨越点位置的地形、地貌特征，地层岩性、岩土结构、成因类型及分布，确定地基类型。了解跨越点位置及附近地区的不良地质现象，并对其危害程度和发展趋势作出判断，提出防治措施的建议。

（4）跨越点工程水文条件及防洪影响评价情况。说明河道河床条件，岸线稳定情况，设计水位及堤防情况，对防洪影响情况作出初步判断，提出防治措施的建议或结论意见。

（5）根据地形、地质、通航、施工和运行条件等确定跨越方式、档距、塔高；并根据系统规划确定回路数及投资估算。

（6）各方案对电信线路和无线电台站的影响分析。

（7）各方案林木砍伐和拆迁简要情况及环境保护初步分析。

3.8.2 对比选方案进行技术、节能、经济比较提出推荐方案

结合路径方案，说明各方案技术条件、主要材料耗量、投资差额等，并列表进行比较后提出推荐方案，并对推荐理由作简要论述。

（1）推荐路径方案描述。

（2）对推荐跨越点位置方案作简要说明。

（3）说明推荐跨越点位置方案与沿线县市以上规划、国土、航道、水利、林业等或政府主要部门原则协议情况。

3.8.3 工程设想

（1）推荐路径方案主要涉及气象条件。

1）设计最大风速情况。

2）设计覆冰情况，有无重冰区。

（2）导地线型式。

（3）根据系统要求的输送容量及工程海拔、冰区划分等，进行技术经济比较推荐选定的导线型号。

（4）根据导地线配合、地线热稳定、系统通信等要求，推荐地线型号。

（5）列出推荐的导地线机械电气特性。

（6）导、地线防振、防舞措施。

（7）绝缘子和金具型式。

（8）防雷、接地方案。

（9）杆塔和基础型式。

1）塔高和塔头布置选择。

2）确定铁塔型式及材质。

3）结合工程特点和地质水文情况，提出推荐的基础型式。

（10）结合工程特点进行工程量及造价分析。

3.9 节能、环保、抗灾措施分析

3.9.1 系统节能分析

（1）系统方案合理性。推荐方案可降低系统供电损耗，可节约电量。

（2）导线截面选择合理能够满足本期及远景潮流输送要求。

（3）合理配置无功装置，优化全网电能损耗，为调度优化运行创造条件。

3.9.2 变电节能分析

（1）设备选用低损耗情况。

（2）站内建构筑物节能措施。

3.9.3 线路节能分析

（1）线路架设方式选择。

（2）导线材质选择。

（3）导线分裂根数和间距的选择合理。

（4）采用节能金具。

3.9.4 环保措施

（1）废污水及防治措施。

（2）噪声及防治措施。

（3）输电线路工程施工期间防治措施。

3.9.5 抗灾措施

应说明变电站、输电线路工程抗击灾害能力，包括分析洪涝灾害、地震灾害、风灾、冰灾、雷电等自然灾害，污染等环境灾害，泥石流、滑坡等不良地质灾害影响，并说明防灾减灾措施。

3.10 工程量

各专业的设计图纸、说明书中工程量是否如实反映在材料清册。

3.11 投资估算及经济评价

投资估算执行《电力工业基本建设预算管理制度及规定》等文件的规定，并应满足以下条款要求：

（1）根据推荐方案和工程设想的主要技术原则编制输变电工程投资估算，其内容深度应满足技经专业审查的要求，即估算应编制到表三深度、估算应包括造价水平分析，宜满足通用造价控制指标的要求。土地征用和拆迁赔偿等费用应有费用计列依据；基本预备费、线路工程长度裕度、设备材料价格、生活福利工程应满足政府核准要求；并计列项目核准必须完成的支持性文件的相关费用。

（2）编制说明应包括估算编制的主要原则和依据，采用的定额、指标以及主要设备、材料价格来源等。

（3）估算应包括但不限于以下内容：工程规模的简述、估算编制说明、估算造价分析、总估算表、专业汇总估算表、单位工程估算表、其他费用计算表、本体和场地清理分开计列、编制年价差计算表、调试费计算表、建设期贷款利息计算表及勘测设计费计算表等。

（4）如工程需进口设备或材料，应说明输变电工程所用外汇额度、汇率、用途及其使用范围。

（5）应提供推荐方案和对比方案的技术经济论证，应将输变电工程投资估算与通用造价控制指标进行对比，分析影响造价的主要因素，并有相应的对比分析表。

（6）经济评价工作执行国家和行业主管部门发布的有关文件

和规定，并应满足以下要求：

1）应说明输变电工程资金来源、资本金比例、币种、利率、宽限期、其他相关费用、还款方式及还款年限。

2）财务评价采用的有关的原始数据应有依据。

3）收益和债务偿还分析应按计算期、还贷期两个阶段分别说明。

4）主要经济评价指标及简要说明应有下列内容：财务内部收益率（全部投资、资本金）及投资回收率；投资利润率、投资利税率及资本金净利润率；偿还贷款的收入来源。

5）当有多种投融资条件时，应对投融资成本进行经济比较，选择条件优惠的贷款。

6）敏感性分析及说明。

7）综合经济评价结论。

4　电网项目审查技术要点

4.1　电力系统一次专业评审要点

应论述电网现状、负荷预测、工程建设必要性、变电站接入系统方案、电气计算、方案比较及推荐、无功平衡及调相调压、线路型式和导线截面选择、主变压器选择、项目建设规模和对主要电气设备参数的要求。

4.1.1　电力系统概况

（1）电网概况。针对整个输变电工程，主要对所在电网主网架、输配电网结构、电网负荷电量、电网装机规模、电源结构及发电量、电网存在问题进行核实，对主要在建的输变电工程规模、建设进度、电网 110kV、35kV 容载比情况、供电半径等情况进行核实。从整体上把握审查的输变电工程可研所在电网情况。

针对具体单个输变电工程，审查重点在工程所在地区电网网架、周边相关输配电网的网架、负荷、存在问题等。

（2）负荷预测。根据报告提供的电网发展规划、负荷预测水平和电力电量平衡等资料，重点核实与项目相关的行政区电网发展的负荷预测结果，负荷预测需结合所在区域产业发展规划和经济发展情况，应注意供区划分、用户报装情况、供电分区及负荷密度情况并与行政区的负荷发展相匹配，行政区负荷预测应与“十四五”规划保持一致，项目相关电网负荷预测结果应展望至设计水平年两年后。对于同一批输变电工程项目或同一时期的输变电工程项目，应注意其负荷预测水平的一致性。

应根据负荷预测水平及工程周边区域负荷空间情况，判断工程合理建设规模，并以此核实报告提出的工程本期建设规模及合理建设时机。

（3）电源建设安排及电力电量平衡。参照已评审的电网规划及电网主管部门提供的相关电网规划资料，核实与本输变电工程可研设计水平年内和远景规划期内的相关电源装机的规划建设情况，核实规划期内电源结构、装机规模、装机进度和机组退役表格；核实全网逐年电力、电量平衡，并根据实际输变电工程设计需要，核实工程所在分区的电力平衡计算情况，确定该区域合理电力需求空间，为确定输变电工程建设规模，审核其建设必要性提供支撑。

（4）电网发展规划。核实与本输变电工程相关的电网规划，重点核实工程所在区域的电网规划情况。

4.1.2 工程建设必要性

针对每个输变电工程不同的特点，应根据工程的实际情况，从满足新增负荷增长、解决设备重过载、供电卡口、提高供电可靠性、提高供电质量、优化网架结构、设备安全隐患及老旧设备改造、满足用户接入等方面核实工程建设必要性。对报告提出的建设必要性内容进行核实，核实输变电工程是否已列入当地电网规划。

对于周边有多座规划变电站时应详细介绍各站的 10kV 的供区，现状变电站供区 2km 范围内不宜规划新建变电站，否则应予以详细说明理由；对于应对突发增长负荷需求的输变电工程项目，应根据实际情况，核实突发负荷情况，保证工程建设确有必要性。

4.1.3 接入系统方案

针对输变电工程应提出两个或两个以上的接入系统方案，针对报告提出的不同接入系统方案，在分析各方案的潮流、稳定、过电压、潜供电流、短路电流、无功平衡和调相调压等电气计算结果的基础上，核实报告推荐的接入系统方案。

对远景水平年变电站接入方案进行核实，确定变电站远景规模，包括变电站终、本期主变压器规模、各电压等级出线回路数及出线排序；核实接入系统保护、通信及调度自动化方案是否合理有效。

4.1.4 电气计算

（1）潮流计算。核实工程不同接入系统方案下的正常及故障运行方式下的潮流计算结果及分析，判断推荐方案潮流和网络结构的合理性，并根据近期、远景潮流计算情况，结合近远期电网规划，为选择线路导线截面和变电设备参数提供依据。

（2）稳定计算。核实输变电工程推荐接入系统方案下的稳定水平计算结果。必要时，如重要枢纽变电站或重要线路，应进行严重故障方式下的稳定校核。分析和核实设计方案的稳定水平，如稳定水平较低或有问题时，应核实和分析提高电网稳定水平或应对稳定问题的措施，或从网架结构、工程建设方案上重新考虑新的建设方案。

（3）工频过电压、潜供电流和自励磁计算。对于工程推荐方案，必要时需进行设计水平年下的工频过电压、潜供电流、自励磁计算，如存在问题，需核实报告提出的限制措施有效性，是否还有其他解决问题的优化方案。

（4）操作过电压。对于工程推荐方案，应结合合闸电阻及接地开关选择，必要时进行操作过电压计算。如存在问题，需核实报告提出的解决方案。

（5）短路电流计算。核实报告提出的工程投产年的输变电工程本身及附近区域相关站点的短路水平和远期短路电流水平，对短路电流越限问题，应结合附近电网规划，提出解决方案，同时应分析工程方案的合理性，重点从网架结构整理、工程接入方案优化上解决短路问题。

电网的短路电流计算原则上宜限制在合理的水平，短路电流安全校核的判据是母线短路电流水平不超过断路器开断能力和相关设备设计的短路电流耐受能力。若系统短路电流水平超标而引起大面积的断路器设备更换或选择断路器困难时，应专题研究限制短路电流的控制措施。

4.1.5 无功补偿平衡及调相调压计算

无功补偿装置的设计必须执行国家的技术经济政策，需核实工程无功平衡计算结构，并根据安装地点的电网条件、谐波水平、负荷特性、环境情况、运行检修要求和实际经验等，确定合理的无功补偿设备的型式、容量及安装地点；核实变压器的调压方式，应按照电网结构及负荷性质，合理选择各级电网网络中升压和降压变压器分接开关的调压范围和调压方式。电网中的各级主变压器至少应具有一级有载调压能力，需要时可选用两级有载调压变压器，以满足电力系统 10 ～ 15 年发展的需要。

4.1.6　变电站母线通流量选择

核实投产年及远景年正常运行方式和事故运行方式下的变电站母线最大通流量，确定合理的变电站母线型号。

4.1.7　线路型式及导线截面选择

核实正常运行方式和事故运行方式下的线路最大输送容量，并结合远景电网规划及工程功能定位，确定合理的线路型式（含紧凑型线路）、架设方式及导线截面。

对于开断线路进变电站，开断线路原则上均按远景规划考虑采用大截面导线，以减少远期变电站改造工程量和改造对变电站停电等的影响。

4.1.8　主变压器选择

根据变电站附近区域负荷预测结果，并结合潮流计算、短路电流计算等结果，核实工程变压器远景建设规模、本期建设规模、变压器合理的单台容量、变压器阻抗等参数；根据附近区域各电压等级负荷分布情况，确定合理的变压器三侧变比及三侧容量比。

对于短路电流问题突出的地区，可选择高阻抗变压器，必要时，需核实该地区短路水平情况，对采用高阻抗变压器必要性进行详细分析论证。

4.1.9 无功补偿容量

（1）高压并联电抗器。对于平衡电网无功过剩现象，应根据限制工频过电压，潜供电流，防止自励磁，无功补偿等要求，确定高压并联电抗器容量，台数及装设地点（包括中性点小电抗），重点核实计算结果，其采取措施手段是否合理有效。

（2）低压无功补偿装置。按变电站规划规模和本期规模，根据分层分区无功平衡原则，参考其低压无功补偿计算结果，核实报告提出远期和本期低压无功补偿装置分组数量、分组容量。

在满足无功补偿需要的前提下，尽量减少无功补偿装置分组，加大单组无功补偿装置容量，从而解决投资、节省场地，优化总平面布置。

4.1.10 电气主接线

应根据变电站功能定位、出线回路数、站内主设备情况、负荷性质及重要程度，并结合电网规划、变电站远景规模及分期建设情况，确定变电站远景电气主接线和本期电气主接线。在满足供电安全可靠的前提下，尽量简化接线。

4.1.11 工程量

各专业的材料清册工程量是否与设计图纸、说明书一致，是否有遗漏或多计等现象。

4.2 电力系统二次专业评审要点

应论述系统继电保护、系统远动、电能计量、调度数据通信网络接入设备、二次系统安全防护和系统通信。

4.2.1 系统继电保护及安全自动装置

线路保护：根据审定的一次系统及继电保护现状，明确变电站线路保护的配置及通道方案。主保护应优先选用光纤分相电流差动保护。同杆并架双回线路推荐采用分相电流差动保护。对破口线路，根据现有保护情况确定保护搬迁或同型号配置方案；对电气化铁路牵引站的接入，按国家发展〔2009〕974 号文件配置线路保护。

明确新建变电站线路断路器保护、失灵保护及远方跳闸保护配置方案。确定扩建变电站原有线路、断路器保护是否继续使用。

核实母线保护、母联 / 分段、断路器保护、短引线保护配置是否满足二次系统通用设计要求。明确新建变电站母线保护、线路故障录波器配置方案。核实扩建变电站母线保护、线路故障录波器容量是否满足本期工程的需要。

故障录波器：明确新建变电站保护和故障录波信息管理子站

系统的配置原则，核实故障录波器配置方案。故障录波器一般按电压等级（按小室）配置，主变压器三侧录波信息应统一记录在一台故障录波装置内。

继电保护及故障录波信息处理子站：一般新建 220kV 变电站及以上变电站配置 1 套继电保护及故障录波信息处理子站系统。子站系统信息采集宜与变电站监控系统协调考虑，实现信息共享。

安全稳定措施专项：根据系统接入及周边负荷增长情况确定是否需要对安全稳定控制措施进行研究。根据设计院稳定计算的结果分析，系统如存在稳定问题，明确各站安全稳定控制系统装置的配置方案。

4.2.2 调度自动化

远动装置：根据变电站在系统中的位置，确定该站所属调度关系。

（1）评审设计院提出的远动信息传输方式及通道组织，原则上优先采用数据网通信方式，常规远动通道作为备用。根据各省地调度数据网第二平面建设进度确定第二平面接入设备的配置。

（2）对新建变电站远动系统可结合当地计算机监控（变电站自动化）系统配置、结构统筹评审，原则上远动设备按双重化配置。

（3）对扩建工程，结合现有的远动系统或当地计算机监控系统的现状对远动系统设计方案进行评审，提出评审意见。

电铁牵引站、风电厂升压站远动信息原则上采用“直采直送”方式。

电能量计量系统：评审电能量采集系统配置方案。站内配置统一的电能采集终端 1 套，采集并上传关口及非关口计量表计信息。确定电能计量表计上传信息方式，关口计费点设置原则，关口计费点的设置应满足地区营销相关文件要求。

核实数据网接入设备、二次安全防护设备是否满足二次系统通用设计要求。

评审变电站接入调度数据网方案及安全防护措施。

评审由于变电站建设引起电网调度自动化系统、电能量计费系统扩容及修改的论证报告。

根据各省地 PMU 布点规划，按照可观性、可靠性、经济性原则确定变电站是否配置功角测量装置及通道组织方案。

4.2.3 系统通信

（1）光缆。

1）新建 220kV 及以上变电站至调度端应具备两条独立路由的光缆。

2）应利用新建 / 改建线路架设 OPGW 光缆或随线路开断 / 改接将线路上已有 OPGW 光缆“π”入或改接入变电站。已有光缆“π”时不应中断现有光缆上承载的通信电路，应提出过渡方案。更换地线架设 OPGW 光缆应核实线路是否具备停电条件及铁塔荷载是否满足要求。

3）对于 50km 以下短线路，优先采用双光缆，对于没有迂回路由的同塔双回线路，宜架设双光缆。只有两回线路进出的终端变电站应架设双光缆。

4）新建主干OPGW光缆芯数应不少于24芯，采用专用纤芯传输保护信号的线路，应适当增加光缆芯数。入城光缆或网、省、地共用光缆应适当增加光纤芯数。

5）电铁牵引站至系统的新建220kV线路，其中一回上应架设1根OPGW光缆，光缆芯数宜为12～24芯。

6）新建OPGW光缆光纤规格主要采用G.652B型，采用GW可根据情况选用G.652D及G.655型。

7）进入变电站的引入光缆，应选择非金属光缆，优先采用ADSS光缆。

（2）光通信电路。

1）光通信电路建设应符合"光缆共享、电路分层"的原则。

2）应按照在系统中的位置及相应的通信规划进行工程中光通信电路的建设设计。

3）复杂输变电工程可研阶段应提供一个以上系统通信建设方案，并进行技术经济比较。

4）光通信电路传输容量应符合通信规划，并与已有网络保持一致。干线光通信电路传输容量宜为2.5G～10Gbit/s，支线电路速率宜为622M～2.5Gbit/s。

5）220kV及以上变电站内应至少具备两套独立的光通信设备，一套省网设备，一套地区网设备。

6）一回线路的两套保护全部复用光通信设备时，两路主保护应分别经由不同的光通信设备传输。每套光通信设备可按最多传送8套线路保护信息考虑。

7）原则上220kV及以上线路应具备一路直达光缆通道。

220kV 及以上线路的保护通道应尽可能少利用 110/66kV 线路上的光缆通道组织迂回，避免利用入城光缆、普通光缆、ADSS 光缆等组织保护通道。

8）在现有光通信设备增加接口板时应注意核实设备是否具备插槽位置。新建光通信设备应明确是采用 10G/2.5G/622M 平台的光传输设备。

9）链路型的光通信电路在线路“π”/ 改接时应注意核实有无通信过渡的问题。

10）新建光通信电路原则上不配置网管系统，纳入现有网管系统统一考虑。

11）原则上新建光通信电路时钟同步纳入已有数字同步系统。

12）新建光通信电路一般可配置 1 套光通信仪器仪表，主要包括光源、光功率计。

13）光通信中继距离较长时，应有详细的中继距离计算及保护通道传输时延计算。

（3）系统调度程控交换机。原则上新建无人值守 220kV 变电站不配置调度程控交换机。配置调度交换机的变电站，该交换机兼作站内通信使用，并配置 2M 接口接入系统调度程控交换网。

（4）综合数据通信网。应根据综合数据通信网总体设计在变电站内配置接入设备或汇聚设备。

（5）通信电源。

1）220kV 及以上变电站应配置两套独立的通信电源及免维护蓄电池各两组，两个直流分配屏组成两套独立的通信电源系统。

2）通信电源的容量应满足远期设备负荷要求及蓄电池充电要求。

（6）通信机房。220kV 变电站通信机房与主控室合并使用，220kV 以上变电站可设置独立的通信机房，机房屏位应预留充足。

通信设备的动力和环境监测应与全站视频安全监视系统统一考虑，不独立设置。

所有图纸及设计的工程量需要如实反映，形成一一反映在材料清册中，为技经计量提供依据。

4.2.4 变电二次侧

（1）监控系统方案。确定计算机监控系统设计原则、网络结构、设备配置。对按数字化变电站建设的变电站，应着重审核数字化变电站建设方案。对按集控站建设的变电站，应考虑集控站主站系统设备配置，建设标准按各地区无人值班规划协调统一。五防功能尽可能由计算机监控系统实现。

（2）元件保护及自动装置。元件保护及自动装置的设备配置、组柜方式是否符合二次系统通用设计，是否符合国家电网有限公司企业标准 Q/GDW 175—2008《变压器、高压并联电抗器和母线保护及辅助装置标》。

（3）直流电源系统。主要是站内直流电源系统配置方案，蓄电池组数及高频开关电源的配置方案。根据生产与基建协调措施规定，只有对重要的枢纽变电站，才考虑 3 套高频开关，每套按 N 模块配置的方案。

（4）核实 UPS 系统、GPS 系统、视频监视及安全警卫系统、火灾自动报警系统是否满足二次系统通用设计要求。其中视频监视及安全警卫系统的配置方案应符合国家电网生〔2009〕61号文件相关要求。

4.2.5 工程量

各专业的材料清册工程量是否与设计图纸、说明书一致，是否有遗漏或多计等现象。

4.3 变电电气专业评审要点

应论述变电站电气主接线、设备选择、电气总平面布置及配电装置、绝缘配合、防雷接地、工程量。

4.3.1 变电站电气主接线

（1）新建工程。重点关注接线型式是否合理、母线是否需要分段、是否便于扩建、与总平面布置是否对应、中性点接地方式、有无接地变及消弧线圈或接地电阻、站用变的引接方式。

（2）扩建工程。重点关注原有接线型式能否满足要求，本期工程接线是否需要调整，间隔排列是否需要调整。

（3）是否满足系统对过渡方案的停电要求。

（4）出线排列规划是否最优，是否线路交叉最少。

（5）针对不同设备，雷电过电压保护（避雷器）设置的合理性。

（6）检查接地隔离开关设置是否合理。

（7）GIS设备的母线隔离开关设置的合理性，建设范围是否合理。

（8）核实低压无功补偿装置分组情况。

（9）当需要有外接站用电源时，是否提交了站外电源的设计方案，是否满足可靠性需求。

4.3.2 设备选择

（1）明确短路电流控制水平。

（2）了解站区海拔、污秽等级及地震烈度。

（3）设备选型的适应性。

（4）新建工程：设备选型是否符合站址环境条件，是否满足通用设备规范。

（5）扩建工程：设备选型与前期设备是否一致、原有设备能否满足要求、设备是否需要搬迁。

（6）是否超标准选择设备。

（7）当采用户内配电装置或者紧凑型设备时，应有技术经济论证。

（8）是否采用通用设备规范的设备，如没有采用需要说明理由。

4.3.3 电气总平面布置及配电装置

（1）是否采用典设方案及模块。

（2）各级电压配电装置型式的合理性：是否符合站址环境条件，主要技术指标是否满足典型设计，当采用户内配电装置时，应有技术经济论证。

（3）各级电压配电装置布置的合理性：间隔排列、出线方向是否符合系统远景规划，线路有无交叉，备用跨线是否一并上齐，远景扩建是否方便。

（4）对扩建工程，如有跨线更换为大截面的，原有架构能否满足要求。

（5）总平面布置占地是否优化，各配电区之间的连接是否合理，能否满足防火间距，能否满足远景扩建，是否堵死扩建端。对扩建变电站，是否需要征地，明确扩建方向。

4.3.4　绝缘配合、防雷接地

（1）变电站接地方案是否合理。

（2）避雷针的布置是否合理，原则应取消独立避雷针，如必须有时宜布置在站内。

（3）变电站避雷器配置的合理性。

（4）高海拔地区设备外绝缘的修正。

4.3.5　工程量方面

（1）接地综合投资。

（2）照明综合投资。

（3）电缆工程量。

（4）防火材料量。

（5）站外电源工程量。

4.4　变电土建专业评审要点

应论述站址选择、站区规划和总布置、建筑规模及结构设想、给排水系统、采暖、通风和空气调节系统、火灾探测报警与消防系统、大件运输、工程量。

4.4.1 站址选择

（1）原则上宜提出两个或两个以上可行的站址方案。

（2）站址协议落实情况。站址需取得乡县级以上的规划、土地协议。视工程具体情况落实地质、地震、矿产、文物、电信、军事、民用航空、航道、公路、铁路、石油天然气、草原行政、林业行政、风景名胜区、自然保护区、河道、水利等主管部门对工程建设的意见及供水协议。其中规划、国土为必要协议，其他为相关协议。

（3）明确站址具体位置。说明站址用地的土地性质、站址的地形地貌及拆迁赔偿情况。从站用水源、站用电源、交通运输、邻近设施、矿产资源及历史文物压覆等方面论证站址的可行性，避免出现颠覆性因素。

（4）水文气象及水文地质。提供站址区域百年（或五十年）一遇洪水位或历史最高内涝水位，针对洪水淹没或内涝提出站区防洪涝及排水方案。提供水文地质、水源条件、地下水位情况，说明水源、水质、水量情况是否满足建站要求。

（5）工程地质。提供站址工程地质报告，论述站址的地质稳定性、确定地基类型，评估地基处理方案及工程量预估。

（6）站址方案比较。从地理位置、系统条件、出线条件、本期和远期的高中压出线工程量（不同部分），分期建设情况、防洪涝及排水、土地用途、地形地貌（土地征用情况）、土石方工程量、工程地质、水源条件、进站道路、大件运输条件、地基处理难易程度、站用电源、拆迁赔偿情况、对通信设施影响、运行管理及职工生活条件、环境情况、施工条件等方面对各站址方案建设条件、建设投资、运行费用进行列表综合经济技术比较，选择推荐合理的站址方案。

（7）变电站地理位置图中表示出与本工程设计方案有关的规划电厂、变电站和线路等，重点示意本变电站、串补站、换流站所处的地理位置及变电站、串补站、换流站出线走廊。

4.4.2 站区规划和总布置

（1）站区规划。站区总体规划图中标出站址位置、已有设施、各级电压等级的进出线方向、进站道路、站区用地范围等，列出主要技术经济指标表（包含预估站区围墙内占地面积、本工程总征地面积、总建筑面积及进站道路长度等）。

（2）站区总布置。站区总平面布置方案和竖向布置方式的设想，场地设计标高的选择，站区防洪防涝措施的规划，站内主要道路转弯半径的选择。总平面布置图（含电气总平面）中标明主要电气设备、主要建构筑物、道路及各级电压配电装置等。

4.4.3 建筑规模及结构设想

以“两型一化”设计建设导则和“通用设计标准”为依据，说明全站主要建筑物的建筑风格及结构型式设想，预估总建筑面积。结构型式要安全可靠、经济适用。对照地质条件及当地工程建设环境，经技术经济比较，选择合理的基础型式及地基处理方案。

4.4.4 给排水系统

确定水源方案的可行性，站外排水点的可靠性。

4.4.5 采暖、通风和空气调节系统

确定站区采暖、通风和空气调节系统设计方案的合理性。

4.4.6 火灾探测报警与消防系统

按电气专业、总布置、交通组织、建筑、水工各方面进行站区的消防设计，满足现行相关规程、规范要求。

4.4.7 大件运输

说明大件设备运输路线和运输方案优化（含公路、铁路、水运、码头及装卸等设施），需要采取的特殊措施（如桥涵加固、拆迁、修筑便道等情况），所涉及有关单位的书面意见。

4.4.8 工程量

各专业的材料清册工程量是否与设计图纸、说明书一致。是否有遗漏或多计等现象。

4.5 线路专业评审要点

应论述线路路径方案、工程设想、工程量。

4.5.1 线路路径方案

（1）线路路径方案。

1）输电线路工程应提出两个以上可行的路径方案，对于城镇规划指定路径或改接、“π”接等短线路，根据工程情况可提出一个可行方案。重点评审线路路径的可行性。

2）结合全寿命周期设计理念，综合考虑电网结构、线路长度、地形地貌、城镇规划、环境保护、交通条件、施工和运行等因素，对推荐路径方案的技术先进性、经济合理性进行评价。

3）核实新建变电站是否明确进出线位置、方向、与已建和拟建线路的相互关系以及远近期过渡方案。

4）控制线路长度，长线路（30km 以上）路径长度裕度控制在 3% 左右，较长线路（10 ～ 30km）控制在 5% ～ 3%；较短线路（5 ～ 10km）控制在 10% ～ 5% 以内；短线路（5km 及以下）根据实际情况控制裕度。

5）控制转角数量，以路径图转角数量为基准（含独立耐张段），平地线路实际转角数量应不超过基准数量的 10% ～ 20%，山区线路可根据实际情况增加部分 0° 耐张。

6）核实地形比例。

7）对 110kV 及以上线路工程，按规程规定 100km 以上线路要进行导线换位。长度超过 200km 的线路换位次数宜按线路参数平衡度的计算结果来确定。核定两端和中间变电站相序，对于“π”接线路，核实“π”接后线路长度是否需要换位。对于根据变电站相序要求仅需进行换相的工程，一般应利用变电站出口的终端塔换相，以节省工程投资。

（2）重要协议和文件。

1）工程预审时应核实设计文件是否具备支持路径可行的重

要协议，如有缺漏，应督促法人单位在评审会议召开前提供，对无法提供的项目建议推迟评审。评审时应复核重要协议的落实情况。重要协议指对线路路径方案有颠覆性影响的协议，一般涉及城建规划、国土、军事、文物、交通、矿产、水利、林业等单位。

2）工程预审时，对于通道清理工程量较大的工程应督促法人单位在评审会议召开前提供支撑性材料。评审时应审核通道清理工程量，对无法提供支撑性材料的通道清理工程量原则上不予计列。支撑性材料可结合设计图纸、影像照片等表述。通道清理工程量主要包括林木砍伐及拆迁量。

3）工程采用多回路单侧挂线、钢管杆时，核实铁塔型式选择支撑性文件或专题报告。

4.5.2 工程设想

（1）气象条件。

1）根据设计提供的气象台资料、周边其他已运行线路设计经验以及当地风压图，核实气象条件的合理性。

2）设计基本风速取值应以沿线气象台站的资料及实际运行经验和调查情况为基础，根据电压等级，按规程规范要求的重现期考虑。建筑规范中的风压换算值，可作为参考。

3）覆冰厚度取值应以各省公司冰区划分图为参考，并结合设计单位的现场调查资料及附近线路的运行经验。覆冰严重地区大多以海拔作为划分冰区的重要依据。

（2）导、地线选型。

1）根据系统资料核定导线截面，常用导线型号有 LGJ-300、LGJ-400、LGJ-2×240、LGJ-2×300、LGJ-2×630 等。

2）工程预审时应核实导线型号。新建线路一般推荐使用常规导线；对于碳纤维、殷钢、铝基陶瓷等造价较高的复合芯导线原则上只应用于改造线路工程中；新建线路应用耐热铝合金等增容导线时应经详细的技术经济比较后确定。如不符合上述条件又无专题论证的项目，建议推迟评审。

3）根据规程要求，结合线路远期规划情况、通信要求核定地线型号，包括 OPGW 光缆及分流线的型号及长度。

（3）绝缘配置。

1）根据当地电力系统污区分布图，结合沿线污染源调查及设计运行经验，核定工程污区划分是否合理。同一网省公司只能在爬电比距和统一爬电比距中选择一种污区分级方法。

2）结合设计运行经验，核定设计爬距选取及绝缘子型式的选择。

3）新建工程原则上不采用防污闪涂料。

（4）铁塔。

1）原则上参照/采用国家电网有限公司通用设计塔型，对于通用设计未包含的塔型应按照通用设计的原则进行规划和选型。如耐张转角塔一般宜划分为 0～20°、20～40°、40～60° 和 60～90° 四个角度系列。铁塔的规划应区分平地（含河网泥沼）和山区（含丘陵、山地和高山大岭），山区铁塔应按全方位长短腿设计，平地铁塔按照平腿设计。

2）铁塔钢材一般采用 Q235、Q345 和 Q420 钢。采用其他种类钢材时，应提供相应的专题论证、支撑性文件及经济比较。

3）铁塔采用特殊材料时，应提供相应的专题报告、支撑性文件，并有相应的费用支出依据性文件。

4）Q420 高强钢的使用比例原则上不小于用量限值表。输电线路工程 Q420 高强钢用量限值见表 4–1。

表 4–1 Q420 高强钢用量限值表

工程类型	高强钢用量限值	工程类型	高强钢用量限值
220kV 双回路	15%	330kV 双回路	20%
220kV 四回路	25%	500kV 单回路	20%
330kV 单回路	10%	500kV 双回路	30%
500kV 单回路紧凑型	25%	750kV 双回路	30%
750kV 单回路	25%		

（5）基础。

1）根据岩土工程报告及相关资料，核实岩石、流沙、普通土、泥水坑的比例。

2）优先采用原状土基础，如掏挖（直掏挖、斜掏挖）、岩石、人工挖孔桩、螺旋锚等基础类型。对采空区、流沙、软弱地基、多年冻土、盐渍土等不良地质条件，选择适宜的处理措施和基础型式。

3）评审时核实是否因地制宜设计高低基础。

4.5.3 工程量

（1）铁塔数量：原则上以地形比例加权平均后核定单千米塔基数量。I 型直线塔使用数量占直线塔数量比例不应小于 35%。

（2）铁塔单千米指标：总体参照国家电网有限公司通用造价指标及其他同类工程指标水平等。

（3）单千米基础混凝土和基础钢材量：原则上以地形比例加权平均后核定，并结合耐张塔比例、跨树塔比例、特殊基础型式等综合考虑。

（4）所有图纸及设计的工程量需要如实反映在材料清册中，为技经计量提供依据。

4.5.4 电缆工程

电缆与架空线路导线截面匹配选择见表 4–2。

表 4–2 电缆与架空线路导线截面匹配选择表

架空导线截面（mm^2）	80℃架空线路长期允许输送容量（万 kW）	匹配电缆型号	敷设型式	电缆线路长期允许输送容量（万 kW）
300	12.1	YJLW03–110/64–1 × 1000	排管	14.0
		YJLW03–110/64–1 × 1000	排管	12.8
2 × 240	21.4	YJLW03–110/64–1 × 1600	排管	17.9
		YJLW03–110/64–1 × 1600	排管	16.3
		YJLW03–110/64–1 × 1200	隧道	20.0
		YJLW03–110/64–1 × 1200	隧道	17.6

续表

架空导线截面（mm^2）	80℃架空线路长期允许输送容量（万 kW）	匹配电缆型号	敷设型式	电缆线路长期允许输送容量（万 kW）
2×300	24.1	YJLW03-110/64-1×1600	隧道	23.2
		YJLW03-110/64-1×1600	隧道	20.4

（1）在预审时应核实支撑性文件、投资分配及方案比较论述。如没有，应督促法人单位在评审会议召开前提供，对无法提供的项目建议推迟评审。

（2）预审时对于没有电缆截面选择计算依据的项目，应督促法人单位在评审会议召开前提供，对无法提供的项目建议推迟评审。评审时应审核电缆截面选择的计算依据。电缆截面与导线截面的一般对应关系如下。

（3）电缆敷设方式的选择及预留回路应提供相应的专题论述、支撑性文件及经济比较。

（4）核定电缆预留长度、电缆中间接头、终端头、避雷器、交叉互联、各类工井等的数量。

（5）武汉城区三环内（东新区四环内）线路采用电缆设计，电力通道由政府投资建设（含电缆支架），对于通道内接头区电缆支架由供电企业根据电缆敷设情况投资建设。电缆支架一般采用角钢支架。对于其他材质的支架应提供经济比较论述，如没有或理由不充分，则应审定为角钢支架。

（6）核实控制电缆的用量。

（7）所有图纸及设计的工程量需要如实反映在材料清册中，为技经计量提供依据。

（8）对于涉铁项目的电缆工程，电缆土建通道可研设计按照国铁集团文件由满足铁路资质的设计单位完成。

（9）电缆隧道内本体、环境监测、通信系统设计按照 1 ～ 3 等级不同电力隧道级别差异化配置。

4.6 停电方案评审要点

原则上改造、扩建工程，或当线路跨越已有线路需停电时，应包括停电过渡方案编制及相应措施费用。

如项目涉及停电过渡（不涉及系统变更），必须包含停电过渡方案，阐明可能出现的电网风险和作业风险，如涉及用户停电，还应取得用户停电书面意见。

对于停电过渡方案应描述清楚、具备可实施性，并应取得调度部门的明确意见，可研应达到初设深度。如有对重要用户及全站全停则需要制定详细的负荷转移方案并作为开展可研设计的前置条件，对于全站改造 10kV 出线还原工程计列在基建工程中。

4.7 老旧设备改造评审要点

4.7.1 一般原则

（1）电网改造应按照电网规划建设目标和标准，一次改造到位，避免重复改造和重复停电。电网改造应执行新建变电站或新建线路标准。

（2）电网改造应坚持资产全寿命周期成本最优原则，统筹考虑设备的安全、效能、周期成本，开展退役设备评估鉴定，提出退役资产处置建议。

（3）对整站改造、整线改造和扩大电网规模、提高输电能力的整主变压器改造，应纳入电网发展规划统筹考虑。

（4）一次、二次设备改造宜同步实施。

4.7.2 整站改造

整站改造须满足以下条件：

（1）变电站整体运行年限超过 25 年，且状态评价结果为严重、异常或注意状态。

（2）涉及站内主变压器增容改造。

（3）改造期间。负荷可全部转移，具备全停条件。

（4）经技术经济比较，整站改造较异地新建同等规模变电站投资相当或更经济。

4.7.3 整主变压器改造

整主变压器改造对象为主变压器和主变压器各侧间隔设备，应结合电网发展规划按终期统筹考虑主变压器整体更换，且须满足以下条件：

（1）主变压器需增容。

（2）变压器运行年限达到折旧寿命，经评估不能继续服役；或因电网发展，变压器主要技术参数（额定电压、电流、容量、变比等）不能满足需要或系统安全稳定要求；或变压器运行超过

20 年，经校核评估抗短路能力不足。

4.7.4 整线改造

整线改造必须满足以下条件：

（1）线路整体运行年限超过 30 年，且状态评价结果为严重、异常或注意状态。

（2）根据电网远景发展规划，被改造线路通道有提升输送能力的迫切需求。

（3）改造期间，被改造线路通道负荷可全部转移，满足电网“N–1”校核要求，具备全线改造条件。

（4）经技术经济比较，整线改造较异地新建线路投资相当或更经济；或受施工条件、环境等因素约束，通道唯一；或改造部分线路不能解决问题，可整线改造。

4.7.5 电力设施迁改

（1）迁改工程应执行“谁主张、谁出资”的投资原则，出资单位负责落实费用和项目。

（2）坚持电网安全运行优先的原则，新投运线路 5 年内原则上不迁改，特高压密集通道原则上不迁改。迁改工程建设标准应不低于电网企业建设标准，迁改方案应报电网企业批复同意，改造期间应不影响电力系统供电安全。

（3）变电站迁改应按终期需求，站内设备及出线一次建设到位；线路迁改应充分考虑迁改区域内终期线路回数、输电能力需求，一次建设到位。

（4）迁改工程应同步配齐、同步投产电网无功补偿设备和保护、通信等二次装置。涉及电缆迁改时，应配齐相关隧道、电缆辅助设施。

（5）线路通道受限地区、城区、沿道绿化带或与公路、铁路平行走线且不能保证倒杆距离要求的区域，如采用架空方式迁改，应提高杆塔设计强度，按照1.1倍杆塔重要性系数设计，优先采用钢管杆（钢管组合塔）。

（6）35kV输电线路入地迁改应选用沟道、排管，严禁与110kV及以上输电线路共通道敷设。

4.7.6　老旧设备状态评估

（1）输电线路。

严重状态：杆塔塔身严重倾斜和位移、杆塔本体结构严重锈蚀、杆塔主材严重变形或辅材大量缺失、杆塔缺少大量螺栓或较多节点板、杆塔主材或重要受力杆材有裂缝砼混凝土杆稳拉和内X拉线缺少或叉梁下移超过20cm影响杆身稳定等有倒塔风险的线路；子导线鞭击严重或扭绞、钢芯断股严重、线夹或连接金具出线裂纹等有断线、掉串风险的线路。

异常状态：线路及附属设施老旧、裂化导致在大风、雷雨、污秽、覆冰等环境因素下故障频发以及线路对下方各类杆线、树木以及建设的公路、桥梁等交跨距离小于80%规定值等有跳闸风险的线路。

注意状态：未被评价为“严重状态”和“异常状态”状态，如线路各部件存在轻微锈蚀、塔材轻微歪斜等一般缺陷但可坚持运行、带电消缺的线路。

（2）变电一次设备。

严重状态：采用 MWB 套管的变压器、湖开 LW36 型断路器、膨胀器卡涩的电流互感器等存在家族性缺陷或潜在人身伤害风险，可能发生起火、爆炸事件的设备；薄绝缘、铝线圈变压器、抗短路能力不足的变压器、空气净距不满足要求的开关柜等技术水平或采用标准落后，不符合各级反措要求的设备；开断电流小于实际短路电流的断路器等因电网发展导致不满足电网实际运行需求的设备；涉及现场吊罩或返厂的变压器、机构需整体更换的断路器等需开展大修或部件更换，但零配件停产或改造经济性差的设备；绝缘油出线乙炔且有增长趋势运行存在较大风险的设备。

异常状态：出线乙炔但缩短油色谱检测周期后无增长趋势的变压器、铁心夹件接地电流超过 0.3A 且绝缘油色谱无异常的变压器、机械操作次数达到厂家注意值的断路器、两次补气间隔小于一年大于半年的断路器等存在故障或隐患，可采取临时性措施处理，但长时间运行可能发生事故的设备；作计数器不能正确计数或未安装不可复归型计数器的断路器等不满足反措要求，但暂不影响电网安全稳定运行的设备。

注意状态：未被评价为“严重状态”和“异常状态”状态，如存在变压器呼吸器堵塞、有载分接开关缺油，设备轻微锈蚀、轻微渗漏等一般缺陷但可坚持运行或带电消缺的设备。

（3）老旧变电二次设备。

严重状态：存在严重缺陷运行存在巨大风险，无法消缺的二次保护及调度自动化设备；需开展大修或零部件更换，但采购经济性差，或修理后仍反复出现故障的通信设备；设备继续运行存在较大风险的通信设备；因电网发展或设备老化导致不满足电网实际运行需求的通信设备。

异常状态：运行存在较大风险，通过更换插件、程序升级、更换内部线缆可以消除隐患的保护及调度自动化设备；存在网络通信接口配置不足、性能较差无法满足远程在线监视与信息召唤查看等情况的保护及调度自动化设备；不满足运行规范要求，但暂不影响电网安全稳定运行的通信设备；技术水平不符合通信网规划发展要求的通信设备。

注意状态：存在一般缺陷但不影响安全运行的或可带电消缺的保护及自动化和通信设备。

（4）变电站高（半高）层构架。

严重状态：主体单元结构、地基基础、半高层上部结构、附属及围护结构综合评价等级为三级及以上，不符合国家现行标准规范的可靠性要求，影响整体安全和整体正常使用，应采取措施的变电站高（半高）层构架。

异常状态：主体单元结构、地基基础、半高层上部结构、附属及围护结构综合评价等级为二级，略低于国家现行标准规范的可靠性要求，尚不明显影响整体安全和整体正常使用，可能有少数构件应采取措施的电站高（半高）层构架。

注意状态：主体单元结构、地基基础、半高层上部结构、附属及围护结构综合评价等级为一级，符合国家现行标准规范的可靠性要求，不影响整体安全和整体正常使用，可能有极少数次要构件宜采取适当措施的变电站高（半高）层构架。

4.8 技经专业评审要点

4.8.1 参考规范及管理规定

电网建设工程设备调试概算费用计列标准参考《35 ～ 750kV 输变电工程安装调试定额应用等 2 项指导意见》(2021 版)(国家电网有限公司电力建设定额站标准 GDGC-2021-01),定额执行 2018 版调试定额。

国家电网有限公司建设定额站关于颁发输变电工程三维设计数字化移交费用标准(试行)的通知(国家电网电定〔2020〕31 号)。

国网湖北省电力有限公司关于印发输变电工程概算编制细则的通知(鄂电司建设〔2021〕14 号)。

世界一流城市电网项目(以下简称“一流工程”)按如下相关文件执行:

关于印发《武汉市建设世界一流城市电网实施方案》的通知(武电〔2019〕1 号)。

关于印发《武汉市建设世界一流城市电网项目审批流程优化工作方案》的通知(武电指〔2020〕1 号)。

市人民政府办公厅关于加快推进世界一流城市电网建设工作的通知(武政办〔2020〕24 号)。

对于一流电网工程土建和电气投资界面按照“国网武汉供电公司关于一流电网新模式变电站土建政府先行投资界面划分原则的通知”执行。

4.8.2 综合部分

项目划分及取费标准执行国家能源局发布的《电网工程建设预算编制与计算规定（2018 年版）》（国能电力〔2019〕81 号）。

定额采用国家能源局发布的《电力建设工程概算定额（2018 年版）》共四册、《电力建设工程预算定额（2018 年版）》共八册。

建筑工程施工机械价差执行定额总站《关于发布 2013 版电力建设工程概预算定额价格水平调整的通知》（电定总造〔2014〕48 号文）。

装置性材料价格执行《电力建设工程装置性材料综合预算价格（2018 年版）》《2018 年版电力建设工程概预算定额价格水平调整办法》（定额〔2020〕9 号）及《关于发布 2022 年电力建设工程装置性材料综合信息价的通知》（定额〔2023〕21 号）。

电气设备价格采用国家电网有限公司近期发布的最新季度信息价，主要装置性材料执行国家电网有限公司近期调整价差，不足部分参照市场价。

水泥、砂、石、钢材、商品混凝土等地方形材料价格，按照武汉地方定额站发布的近期信息价记取；商品混凝土应按当地定额站办法的实时价格信息备注说明，根据实际运距调整价格。

勘察设计费计算执行《关于印发国家电网有限公司输变电工程勘察设计费概算计列标准（2014 年版）的通知》（电定〔2014〕19 号）规定。请注意一流工程土建设计费，全部包含于电力公司电气投资内，变电站房屋土建不再单独计列设计费。

4.8.3 变电工程

（1）变电建筑工程。

1）电缆沟道是按照预制角钢混凝盖板编制，当采用复合盖板时，应将角钢框盖板费用扣除，再以复合盖板价格补差。

2）火灾报警系统 500kV 变电站按 40 万元；220kV 变电站按 15 万元，110kV 变电站按 8 万元，35kV 变电站按 6 万元计列费用。

3）特殊消防工程定额是以 500kV 工程为标准编制的，仅计列主变压器消防费用。500kV 以下的工程按定额规定调整系数。

4）站外水源接入需要交纳增容费，按当地收费标准或相应依据计列。

5）安全稳定专题研究、专项通信工程、站外电源水源、大件运输、临时停电过渡方案等费用，须有技术方案和费用估算，否则工程估算中不予计列该项费用。

（2）变电安装工程。

1）估算书的设备种类、数量及对应的安装工程量应和设备材料清册一致。

2）在专业没有特殊要求时，设备价格按国产设备考虑。

3）设备按供给方式分甲供乙供，乙供设备按除税价格汇入安装工程税前造价，作为税金的取费基数，甲供设备按含税价格计入设备购置费。

4）设备厂家直接供货到现场的，设备运杂费只计取卸车费及保管费，主设备按设备费的 0.5% 计算，其他设备按设备费的 0.7% 计算。如果设备招标价不含运杂费，则应按预规规定的费率，计取设备运杂费。

5）装置性材料原则上按照乙供计算，所有材料均按除税价格计取。

6）核实土建工程是否计列设备支架安装费用，如未计列，需计列厂家设备的支架安装费，计列标准参照建筑定额计算，套用时需扣除定额中设备支架材料费。

7）电力电缆、控制电缆、接地铜材、导线、管母线等部分与期货市场相关且价差别较大的材料品种，可按近期国网招标价格计取价差。

8）带型母线定额已综合考虑单相多片及各种材质，使用时定额不做调整。工程量按单相母线中心线的延长米计算，不扣除附件所占长度。定额中未包括支架制作安装，支架制作安装套相应定额。

（3）其他费用。

1）项目前期工程费参照《电力建设工程项目前期工作费等专业服务费用计列的指导意见》（中电联定额〔2015〕162号）取定。

2）其他费参照《国网湖北省电力有限公司关于印发输变电工程概算编制细则》的通知（鄂电司建设〔2021〕14号）文执行。

3）对于世界一流城市电网共建变电站工程其他费用按《国网湖北省电力有限公司关于明确武汉市建设世界一流城市电网共建变电站项目前期工作费等费用分摊比例的通知》（鄂电司发展〔2021〕17号）执行。

4）勘察设计费在原站址上的扩建工程（特殊扩建工程除外），不计列勘测费；在原站址上的主变压器扩建工程，设计费不得计取改扩建复杂程度系数。

5）涉及市政出资或补偿，或者租用市政管廊的，须明确电缆线路工程出资方式（或市政补偿方式），或者明确管廊的租用标准，在估算中予以确定。

6）建设期贷款利息仅对融资部分计息，按照合理工期计算贷款期限，其中常规输变电工程合理工期为：500kV 新建工程 16 个月，扩建工程 4 个月，其他电压等级新建工程 12 个月，扩建工程 6 个月，扩建间隔工程均为 3 个月。

7）建设场地征用及清理费用，应有费用标准和经过现场勘查的各类障碍物的拆迁及赔偿工程量作为依据。

8）新建变电站的施工视频监控系统费用原则上不计列。在项目法人管理费用中开支，但总费用不得突破。

9）原则上不再单独计列原工程现场人员管理系统费用。在项目法人管理费用中开支，但总费用不得突破。

10）大件设备（如：主变压器）拆除后的处置方案按省公司相关要求在审查时确定，在主体工程初步设计评审收口前必须有处置方案和费用预算，否则工程概算中不予计列该项费用。

4.8.4 线路工程

（1）工程量应严格按设计专业提供的工程量并结合定额中的相关规定执行。

（2）主要材料取费价导线按 16800 元 /t、塔材按 6800 元 /t、钢绞线地线按 7000 元 /t、铝包钢地线 14000 元 /t 计列，实际价与取费价差异部分按价差处理。

（3）砂、石、水泥等地方材料采用当地信息价。

（4）新建线路工程杆塔标识牌材料费已在其他费用中的“工器具及办公家具购置费”列支，仅计安装费。“π”开线路需更换原有线路标识牌的，标识牌材料费需在本工程计列，每个塔位按 3 块标志牌计，拆装时，人工、机械乘 1.3 系数。

（5）双回路色标费不予考虑，发生的费用可在“工器具及办公家具购置费”列支。

（6）线路工程经过林区时，如需开展林业勘察工作，费用计列标准执行《省林业厅转发省物价局关于系统服务性收费项目收费标准有关问题的通知》（鄂林改〔2013〕174 号文）。

（7）对于采用张力放线的线路工程，可按照每 6km 设置一处牵张场，场地租用费 500kV 线路工程按 2 万元 / 处，220kV 线路工程按 1.5 万元 / 处，110kV 及以下线路工程按 1 万元 / 处，光缆架设需单独设置牵张场的，按 0.3 万元 / 处计列。路径长度不足 6km 的线路工程按 6km 计取。

（8）线路工程施工通道综合宽度标准：张力放线 35kV 为 2m，110kV 为 3m，220kV 为 4m，500kV 为 5m，以此标准计算青苗补偿费用，林区不计列通道砍伐，只考虑塔基和局部边坡距离不足的砍伐。

（9）机械化施工临时进场道路修筑按就地道路修整考虑，根据设计单位技术方案确定修筑规模，水田可考虑钢板临时敷设，一般不考虑购土或碎石铺填，如确有需要的，需根据具体的临时道路修筑方案计列。

（10）根据供电公司关于 110kV 架空及电缆选择推荐说明，三环外采用电缆的工程，无论是否是一流工程，均需按照架空方案和实施电缆方案进行投资估算，最终投资按两种方案差价进行计列，由政府投资差额部分。

4.8.5 光通信工程

（1）通信工程、光缆工程的施工单位配合调试费已经在安装定额及调试定额中综合考虑，不再单独计列。

（2）线路换地线的工程补偿费、勘测费按规定标准的 30% 计取。单独架设的 ADSS 光缆工程青苗赔偿和线路走廊赔偿案规定标准的 30% 计列，随导线一起架设的 ADSS 光缆不计列青苗赔偿费用。

5　电网项目评审案例

5.1　电力系统一次专业评审案例

案例1

接入系统方案不合理。

评审前方案：武汉邓西220kV输变电工程可研报告原方案将玉贤—全力Ⅰ回π入邓西变，形成玉贤—邓西220kV线路、全力—邓西220kV线路；新增1回马影河—邓西220kV线路。

评审意见：220kV玉何Ⅰ、Ⅱ回线路为同杆线路，发生同杆故障将会造成何湾变全停，存在《国家电网有限公司安全事故调查规程》所规定的五级电网事件风险。

评审后方案：将玉全Ⅰ、Ⅱ回（玉贤变侧）改接入邓西，形成玉贤—邓西Ⅰ、Ⅱ回；将玉全Ⅰ、Ⅱ回（全力变侧）改接入何湾，形成何湾—全力Ⅰ、Ⅱ回；新建1回马影河—邓西220kV线路。

5.2 电力系统二次专业评审案例

案例 2

线路三端光差保护配置不合理。

评审前方案：武汉江夏柏木岭 110kV 输变电工程中原方案岳旗龚线红旗分支与夜巡旗钢线夜钢段对接形成夜旗钢线，夜巡旗钢线调整为夜旗钢线，红旗村变利旧原岳旗龚线三端光差保护，型号为 PCS−943TM（2019）。

评审意见：红旗村间隔原来配置的是 PCS−943TM，不是国家电网有限公司组织的专业检测合格的产品，若本期夜旗钢线红旗村间隔保护装置利旧，则夜泊山变新上保护装置要与对侧配套，则只能选用早期非国网检测合个版本产品，不满足《国家电网有限公司十八项电网重大反事故措施》15.1.2 条要求：保护选型应采用技术成熟、性能可靠、质量优良并经国家电网有限公司组织的专业检测合格的产品。

评审后方案：将 220kV 夜泊山变电站侧和 110kV 红旗村变电站侧夜旗钢线保护装置都更换为国网检测合格版本产品。

5.3 变电电气专业评审案例

案例 3

一键顺控双确认配置不合理。

评审前方案：武汉东湖高新东扩6号110kV输变电工程中一键顺控技术方案：隔离开关、接地开关均采用“辅助开关触点位置＋传感器位置”实现双确认，辅助判据采用隔离开关、接地开关的微动开关的触点位置信息。

评审意见：隔离开关、接地开关的一键顺控双确认方案不符合《国网湖北省电力有限公司关于印发〈一键顺控改造技术细则〉等3项细则（规范）的通知》鄂电司设备〔2022〕74号规定。

评审后方案：隔离开关、接地开关进行“双位置遥信＋辅助判据”双确认改造，使用姿态传感器或压力传感器作为辅助判据的隔离开关，改为微动开关（辅助触点）作为辅助判据。

案例4

电能量数据采集终端配置不合理。

评审前方案：武汉东湖高新东扩16号110kV输变电工程中原方案电能计量装置及电能量远方终端配置1套。

评审意见：依据《国家能源局防止电力生产事故二十五项重点要求》19.1.1调度自动化主站和110kV及以上电压等级厂站的主要设备（电能量终端等）应采用冗余配置、互为热备。

评审后方案：配置2套电能计量装置及电能量远方终端。

5.4 变电土建专业评审案例

案例 5

主变压器运输道路转弯半径设计不合理。

评审前方案：武汉煤场 220kV 输变电工程可行性研究变电站站址选择及工程设想报告中提出：煤场站内主变压器运输道路转弯半径为 9.0m。

评审意见：依据《变电工程总布置设计规范》DL/T 5056—2024 征求意见稿，主变压器运输道路兼消防车道的道路转弯半径按 12m 设计，仅作消防车道的道路转弯半径按 9m 设计。

评审后方案：将转弯半径按 12m 设计。

5.5 线路专业评审案例

案例 6

未明确同一受电端的双回或多回电缆线路应选用不同生产厂家的电缆、附件。

评审前方案：武汉东湖高新东扩 6 号 110kV 输变电工程可研报告中生物园—东扩 6 号变双回电缆线路采用同一厂家产品。

评审意见：不满足《国家电网有限公司关于印发十八项电网重大反事故措施（修订版）的通知》中 13.1.1.4 条：110

（60）kV及以上电压等级同一受电端的双回或多回电缆线路应选用不同生产厂家的电缆、附件要求。

评审后方案：意见中所提到需采用不同电缆生产厂家属物资招标时所应考虑的要求，因此在可研报告中补充相关说明，并建议物资采购时按要求执行。

案例7

同一通道的双路或多路电缆线路，未考虑电缆分侧布置、防火隔离等措施。

评审前方案：武汉长江新区五洲110kV输变电工程可研报告110kV朱五一二回为五洲变双回同通道敷设，未考虑增加电缆分侧布置、防火隔离等措施。

评审意见：不符合《高压电缆及通道工程生产准备及验收工作指导意见》相关条款要求。

评审后方案：在可研报告中补充相关说明，电缆采用分侧布置、设置防火隔离、双回采用不同厂家型号等措施，并建议物资招标采购、施工时按要求执行。

案例8

电缆通道穿越天然气走廊未明确安全距离。

评审前方案：武汉军山110kV输变电工程110kV西军线电缆通道穿越天然气忠武线走廊，可研报告未标明距离是否符合要求。

评审意见：依据《电力工程电缆设计规范》，电力电缆通道穿越天然气安全距离应大于 0.5m。

评审后方案：经核实，西军线电缆通道与天然气忠武线走廊间距 4.9m，满足规范要求，在可研报告中做明确说明。

5.6 停电方案评审案例

案例 9

停电方案考虑不全。

评审前方案：武汉建三路 220kV 输变电工程 110kV 配套线路工程可研报告中停电过渡方案未考虑改造过程中对侧 110kV 园林路变停电需求，未能阐明可能出现的电网风险和作业风险。

评审意见：补充改造过程园林路停电过渡方案，且方案应满足《输变电工程初步设计内容深度规定》（Q/GDW 10166.1—2017）第 1 部分第 15 条停电过渡方案中要求：1. 说明涉及需要停电过渡的原因和必要性；2. 说明涉及停电过渡的线路现状接入系统情况、线路长度和设备情况等；3. 说明停电过渡具体方案，涉及到的设备选型和投资情况，并给出指导施工顺序的建议；4. 出具能够说明本方案的有关图纸。

评审后方案：补充园林路停电过渡方案为：110kV 分段施工，先由平园线接 1 号主变压器带全站负荷，改造 2 号主变压器进线间隔、出线间隔、分段间隔。待施工完成后由平园余水线接2号主变压器带全站10kV负荷。在负荷低谷期进行。本次停电过渡阶段设备拆除、吊装及接入母线时需要将一侧母线短时停电；基础施工、一次安装及试验调试母线无须停电。

5.7 老旧设备改造评审案例

案例10

未考虑老旧设备状态评估。

评审前方案：武汉东西湖石材城110kV输变电工程未开展原110kV台商—梧桐退役杆塔退役设备评估鉴定。

评审意见：根据鄂电司发展〔2023〕101号国网湖北省电力有限公司关于印发《湖北电网规划建设改造技术原则》的通知9.1一般原则，需提出退役资产处置建议。

评审后方案：开展原110kV台商—梧桐退役杆塔退役设备评估鉴定，根据鉴定结果处置退役资产。

5.8 技经专业评审案例

案例11

取费标准有误。

评审前方案：2023年8月武汉东扩16号110kV输变电新建工程中10kV施工电源估算取费采用2016版定额。

评审意见：10kV 施工电源估算取费标准有误，根据国家电网电定〔2023〕20 号转发中电联 20kV 及以下配电网工程定额和费用计算规定（2022 年版）相关定额，自 2023 年 7 月 1 日原《20kV 及以下配电网工程定额和费用计算规定（2016 年版）》及其配套相关使用的文件，自新定额及配套文件实施之日起一并停用，故需更新重做估算。

评审后方案：10kV 施工电源采用配网 2022 版新定额重新做估算。

案例 12

部分设备价格有误。

评审前方案：2022 年 11 月武汉西边湾 220kV 配套工程可研估算书中 HGIS 出线间隔单母线 126kV，3150A 断路器价格计列为 742500 元 / 台。

评审意见：此设备价格有误，应根据国家电网有限公司同期发布的最新季度信息价格执行，2022 年 11 月“2022 年国网第三季度信息价格”已发布实施，此设备价格为 745200 元 / 台。

评审后方案：价格已更改。

案例 13

部分工程量计列缺乏依据，工程量需核减且定额套用有误。

评审前方案：国网武汉江夏法泗 35kV 变电站主变压器

增容工程可研估算书中消防小间基础套用定额 GT1–14 人工施工土方沟槽挖深 2m 以内，挖方量为 52.39m³。

评审意见：可研报告、图纸及材料清册中无具体工程量，仅工程建设规模描述中新增消防小间一座，需技术人员校核并提资，技经人员同步更新估算书。同时，根据国家电网有限公司关于推广机械化施工的相关要求，对于符合机械化施工的工程首选机械施工，故消防小间不建议采用人工挖方方式施工。

评审后方案：经技术校核，技经人员更改消防小间套用定额为 GT1–5 机械施工土方其他建筑物与构筑物土方，且工程量核减为 4.875m³。

案例 14

部分定额套用有误。

评审前方案：武汉蔡甸 35kV 索河变电站增容工程可研估算书中中性点、端子箱设备基础定额套用 GT2–18 设备基础主要辅机基础单体小于 50m。

评审意见：定额套用有误，需根据实际施工情况套用正确的基础定额，GT2–18 此定额主要适用于发电厂及电压电抗器、电容器、干式变压器等开关厂落地设备基础。

评审后方案：更改为 GT2–8 独立基础钢筋混凝土基础。

案例 15

部分材料清册工程量与估算书工程量不一致。

评审前方案：武汉东扩 16 号 110kV 输变电新建工程估算书中计列 1 台 2 匹通风及空调设备，材料清册无此设备。

评审意见：估算书的工程量应与可研报告、图纸及材料清册工程量保持一致。

评审后方案：经核实无此 2 匹空调，故估算书删除此设备及相关投资。

案例 16

部分工程施工工艺不符合现场实际及对于工程经济性的要求。

评审前方案：国网武汉江夏法泗 35kV 变电站主变压器增容工程可研变电站事故油池采用围护打拔钢板桩的支护方案，合计工程量租赁 46t 钢板桩费用约 8.5 万元。

评审意见：建议根据站内地形地质及施工现场优化支护方式。

评审后方案：经校核变电站内主要为黏土和黏土为主的土质，不存在水田不满足钢板桩支护的条件，故改用更加符合的混凝土支护方式，造价由原来的约 8.5 万元减到约 1.5 万元。

6 电网项目可研评审（内审）意见模板

6.1 220～110kV电网基建工程可研内审会议纪要模板

220～110kV电网基建工程可研内审会议纪要

2023年××月××日，公司经研所主持召开了武汉某220～110kV电网工程可研审查会，对武汉某220～110kV电网工程可研报告进行了内部审查，提出了明确意见。参加会议的有公司相关部门和某设计院。现将会议有关审查意见纪要如下：

一、原则同意设计院关于《武汉某220～110kV电网基建工程可行性研究报告》，但报告需要进一步完善。

二、原则同意报告推荐的一次接入系统方案：具体一次接入系统方案描述。

三、原则同意报告推荐的二次接入系统方案：具体二次接入系统方案描述。

四、原则同意变电工程建设规模：该站为某变电站，220kV

主变压器终期规模××MVA，本期××MVA，电压等级220/110/10kV。220kV 主接线采用×× 接线，终期出线×× 回，本期出线×× 回（预留×× 回）；110kV 终期出线×× 回，本期出线×× 回，采用×× 接线；10kV 主接线终期采用×× 接线，本期×× 接线，终期出线×× 回、本期×× 回；容性无功补偿装置按照终期×× Mvar，本期×× Mvar 配置；感性无功补偿装置按照终期×× Mvar、本期××Mvar 配置。

五、其他需完善的问题（含技术监督）

1. 根据×× 文件增加或减少×× 设备。

2. 技经部分取费相关问题核实。

六、请某院根据会议纪要对可研报告进行修改，修改后及时报送省公司专业咨询机构组织可研审查。

附：会议签到表

国网武汉供电公司经济技术研究所

2023 年×× 月×× 日

6.2 110kV 电网基建工程可行性研究报告评审意见模板

武汉某（含行政区）110kV 电网工程可行性研究报告评审意见

一、工程建设的必要性

拟建某 110kV 变电站位于某区某路，距某 220kV 变电站、某

220kV 变电站（在建）、某 110kV 变电站、某 110kV 变电站（在建）航空距离分别为 *X*（一位小数）、*Y*、*Z*、*W*。其主要供区东至××路，西至××路，南××路，北至××路，供电面积约××（二位小数）km^2。2022 年供区最大负荷××（整数）兆瓦，由×× 220kV 变电站、×× 110kV 变电站以××回 10（20）kV 线路供电。

××110kV 变电站以××供电为主，近期包括××等大用户报装容量××MVA。根据供区内负荷自然增长，结合新增报装容量，预计 2024、2025、2026 年供区最大负荷将分别达到××MW、××MW、××MW。由于周边××等变电站 2022 年最大负载率××%，无法满足新增用电负荷需求。为构建“世界一流城市电网”、满足供区负荷增长的需求、实现 10（20）kV 配电网合理分区供电，建设×× 110kV 输变电工程是必要的。

×× 110kV 变电站以××供电为主，根据《武汉“十四五”配电网规划报告》及《武汉世界一流城市电网规划报告》，××变电站供区用电负荷在“十四五”期间将快速增长，预计 2024、2025、2026 年供区最大负荷将分别达到××MW、××MW、××MW。由于周边××等变电站 2022 年最大负载率××%，无法满足新增用电负荷需求。为构建“世界一流城市电网”、满足供区负荷增长的需求、实现 10（20）kV 配电网合理分区供电，建设×× 110kV 输变电工程是必要的。

注：上述两种描述选择一种，优先选择第 1 种描述，如确实收集用户报装资料困难则选择描述 2。

二、接入系统方案

1. 系统一次方案

110kV 终期出线 ×× 回，本期 ×× 回。至 ××220（110）kV 变电站（或 T 接 ×× 变电站）×× 回、××220（110）kV 变电站（在建）（或 T 接 ×× 变电站）×× 回，预留至 ××220（110）kV 变电站（规划）×× 回、×× 110kV 专用变电站 ×× 回（仅建设一次及二次测控设备）。具体为：

（1）新建（改建）××—×× 110kV 架空电缆混合线路 ××（二位小数）km，其中架空线路 ××km，采用单（双）回角钢塔（钢管杆）线路 ××km（二位小数）或双回角钢塔（钢管杆）单（双）边挂线 ××km（二位小数），导线型号 ××；电缆线路 ××（二位小数）km，电缆型号 ××。

（2）将 ××-×× 110kV 线路单（双）π（改）进 ×× 变电站，形成 ××—×× 110kV 线路 ××（二位小数）km，其中新建单（双）回角钢塔（钢管杆）线路 ××（二位小数）km 或双回角钢塔（钢管杆）单（双）边挂线 ××km（二位小数）（双回角钢塔（钢管杆）双边挂线需说明原因），导线型号 ××；新建单（双）回电缆线路 ××（二位小数）km，电缆型号 ××；利用杆塔单（双）回挂线 ××（二位小数）km，导线型号 ××；利用 ××—×× 110kV 架空线路 ××（二位小数）km，导线型号 ××，电缆线路 ××（二位小数）km，电缆型号 ××。

注：根据接入系统方案选择描述方式，导线及电缆型号需完整描述。

2. 系统二次方案

××110kV 变电站××回 110kV 出线配光纤差动保护各 1 套，采用专用光纤芯通道。

对侧××变电站新增（改造）××线路 110kV 光纤差动保护××套（改造说明“不满足国网‘九统一’保护配置”）或对侧××变电站××线路保护利旧，对保护进行更新升级。

本站按无人值班智能化变电站设计，配电变电站自动化系统，远动信息送武汉地调、备调。

本站采用光纤通信，沿××—××110kV 新建架空线路架设××根 48 芯 OPGW 光缆××（二位小数）km，随电缆线路敷设××根 48 芯无金属光缆××km。

将××—××110kV 线路原有××芯光缆随线路单（双）π 进××变，沿××至 π 接点（××方向）110kV 线路架设××根 48 芯 OPGW 光缆（三跨段），长××（二位小数）km，电缆线路敷设××根 48 芯非金属光缆，长××（二位小数）km；沿××至 π 接点（××方向）110kV 线路架设××根 48 芯 OPGW 光缆，长××（二位小数）km，电缆线路敷设××根 48 芯非金属光缆，长××（二位小数）km。

注：根据二次接入系统方案选择描述方式。

3. 无功方案

终期配置××Mvar 及××Mvar 容性无功补偿装置各 3 组，本期配置××Mvar 及××Mvar 容性无功补偿装置各 2 组。

三、变电站站址、线路路径及工程设想

1. 变电站站址

同意可研报告推荐的建设站址（唯一站址）。该站址位于××，进站道路从××引接，交通便利，进出线条件较好。

站址位于××，现场××。自然标高××（二位小数）m，拟定设计标高××（二位小数）m，进站道路引接点标高××（二位小数）m，水源就近从市政管网引接。

站址用地性质为建设用地，总用地面积××（整数）m^2［××（二位小数）亩］，其中围墙内面积××（整数）m^2［××（二位小数）亩］，其他占地面积为××（整数）m^2［××（二位小数）亩］。进站道路长××（整数）m，变电站围墙长××（整数）m，总建筑面积××（整数）m^2。消防水池有效容积××（整数）m^3，事故油池有效容积××（整数）m^3。

配电装置楼地下××层、地上××层。配电装置楼及泵房地上部分均为××结构，配电装置楼及泵房地下部分、消防水池、事故油池均为××结构；警卫室采用××结构。基础处理采用××。

2. 线路路径

根据线路路径走向具体描述。

注：武汉市三环外及东新区四环外需说明是否取得规划部门的线路路径原则意见。

3. 工程设想

（1）变电。

1）×× 110kV 变电站。拟建的某 110kV 变电站位于武汉市

某区，属配电网某类供电区域，该区域环境污秽等级为某级。本站建设为全户内布置变电站，参照国家电网有限公司35～750kV输变电工程通用设计、通用设备应用目录（2022年版）110-A2-3（6）方案。110kV为户内GIS组合电器，远期及本期均为单母线分段接线；10（20）kV为户内气体绝缘开关柜，远期为单母线四分段接线或六分段环形接线，本期采用单母线分段接线或四分段环形接线。

2）对侧某220（110）kV变电站。本站为无人值班智能化（综合自动化）变电站。110kV采用某设备，某接线，远期出线某回，现已出线某回。本期在备用间隔位置扩建110kV××线路GIS出线间隔××个，架空（电缆）出线或本期将原110kV××出线间隔调整为某出线间隔，架空（电缆）出线。

（2）线路。110kV角钢塔采用《国家电网有限公司关于发布35～750kV输变电工程通用设计通用设备应用目录（2019年版）的通知》××模块，钢管杆采用××模块；电缆下线钢管杆参照××模块自行设计。

架空线路设计气象条件：最高气温+××℃、最低气温-××℃，基本风速××m/s，年平均雷暴日××天，××mm履冰设计。

根据湖北电网交流系统污区分布图（2019年修订版）等六大区域图，本线路工程处于××m/s风区，××mm冰区，××级污区，××级鸟害区，××级舞动区，××级雷害风险区；线路工程均参照六大区域图相关要求设计。

110kV电缆线路采用《国家电网有限公司标准化建设成果

（35 ～ 750kV 通用设计、通用设备）应用目录（2019 版）》××模块敷设。

利用 ××—×× 110kV 线路于 ×× 年投运，设备评级为“正常”状态。

根据国网湖北省电力有限公司与武汉市政府签订的框架协议，武汉市三环内及东新区四环内新建电力线路全部采用电缆线路方式，土建通道均为利用现状及待建通道，待建通道由政府出资建设。

推荐站址及路径应符合国家环境保护的相关法律法规要求。设计应核实生态敏感区及生态保护红线情况，环水保篇章应按可研深度要求在工程主体设计方案中落实配套的环保、水保措施。

四、工程建设规模

（1）本站远期规模 110kV 主变压器 ××MVA，本期 ××MVA，电压等级均为 110/10（20）kV，采用节能型有载调压变压器。

（2）110kV 出线远期 ×× 回，本期 ×× 回（预留至某 110kV 变电站 ×× 至 ×× 110kV 专用变电站 ×× 回）。

（3）10（20）kV 出线远期 ×× 回，本期配置出线开关柜 ×× 面，10kV 无功补偿回路采用相控式真空断路器。终期配置 10kV 消弧线圈成套装置 ×× kVA，本期配置 ××kVA 或终期配置 20kV 接地变压器小电阻（20Ω）成套装置 ×× 套，本期 ×× 套。

（4）远期装设容性无功补偿装置 ××Mvar，本期 ××Mvar。

（5）某 220（110）kV 变电站。

电气部分：扩建 110kV 户内 GIS 出线间隔 ×× 个，新增（更换）110kV 线路光纤差动保护测控装置 ×× 套（×× 备用间隔保护本期不上）。

土建部分：新建电气设备相应的构架及基础，土建具体工程量（户外站扩建描述）。

6. 某 220（110）kV 变电站：新增 110kV 某一次设备 ×× 台。

7. ××-×× 110kV 线路工程

（1）新建 110kV 架空线路 ××（二位小数）km，导线型号 ××；电缆线路 ××（二位小数）km（含安装电缆支架及夹具），电缆型号 ××（标注此项由国网湖北省电力有限公司投资）。

（2）某变进站电缆土建：具体的土建工程量（标注此项由国网湖北省电力有限公司投资）。

（3）政府电缆土建：具体的土建工程量（此项工程由政府出资建设，工程量及投资不在本工程计列）。

8. 沿 110kV 架空线路架设 48 芯 OPGW 光缆 ××（二位小数）km，电缆线路敷设 48 芯无金属光缆 ××（二位小数）km，配置 2.5G 光通信设备 ×× 套、光板 ×× 块（×× 变 ×× 块）、IAD 设备若干台。

9. 利用政府出资新建隧道或综合管廊共 ××（二位小数）km 按 ×× 级隧道配置辅助设施：具体辅助设施工程量根据专家审核后确定。

10.（三环外及东新区四环外）××—×× 110kV 线路。

（1）实施方案。

1）电气部分：新建 ××—×× 110kV 电缆线路 ××（二位小数）km，电缆型号 ××；改建 110kV 双回钢管杆线路 ××（二位小数）km，导线 ××；新建 110kV 电缆下线双回钢管杆

××基，新建某围墙××座。

2）某变进站电缆土建：具体的土建工程量。

3）某“三跨段”电缆土建：具体的土建工程量。

4）某变进站隧道辅助设施及综合监控：具体的工程量。

5）架空段改为电缆线路土建：具体的工程量。（标注：此项工程由政府出资建设，工程量及投资不在本工程计列）

6）架空改为隧道辅助设施及综合监控：具体的工程量。

（2）国网湖北省电力有限公司出资方案。

1）电气部分：新建××—××110kV架空线路××（二位小数）km，导线型号××；电缆线路××（二位小数）km，电缆型号××；改建110kV双回钢管杆线路××（二位小数）km，导线××；新建110kV电缆下线双回钢管杆××基，新建某围墙××座。

2）某变进站电缆土建：具体的土建工程量。

3）某“三跨段”电缆土建：具体的土建工程量。

4）某变进站隧道辅助设施及综合监控：具体的工程量。

注：三环线内及东新区四环线内国网湖北省电力有限公司投资电缆线路及其支架安装和电缆隧道内辅助设施；三环线外及东新区四环线外国网湖北省电力有限公司只投资变电站进出线段电缆土建通道、电缆支架及其电缆线路、“三跨段”的电缆土建通道、电缆支架及其电缆线路，其他段如政府要求采用电缆则政府要出具架空线路与电缆线路（含电缆支架安装及其隧道内辅助设施）费用之间的差价，工程建设规模中要分别描述电缆线路的实施方案及国网湖北省电力有限公司的出资方案。

五、安全校核分析

1. 系统

（1）设计方案按可研深度执行了《电力系统安全稳定导则》（GB38755—2019）、《差异化规划设计导则》（Q/GDW 11721—2017）等相关的规程、规范及技术标准。

（2）本工程设计某110kV变电站以某回110kV线路分别接入某220（110）kV变电站，形成某网架结构，达到了较高的供电可靠性水平。远景年将形成某网架结构，具有较高的供电可靠性水平。

（3）设计方案落实了《国家电网有限公司关于印发十八项电网重大反事故措施（修订版）的通知》（国家电网设备〔2018〕979号）相关要求。

2. 变电

某110kV变电站：本站变电主要设备、短路电流、导体选型、电气布置、安装执行了最新的规程、规范及技术标准。

变电设备选择满足绝缘性能高、防火功能可靠要求，导体选择满足动、热稳定校验。全站电气设备的布置和安装满足安全净距及爬电距离校验，同时满足防火、通风及后期运维需要。

因主变压器低压侧采用20kV电压等级，电气一次设备除110kV GIS组合电器采用国网通用设备，其他电气一次主要设备为非国网通用设备（20kV设备增加描述）。

某220（110）kV变电站：本期扩建110kV出线间隔××个，经校核，站内原有110kV主母线、公用间隔电气设备、导线，公用二次设备均满足需求。

本工程设计方案落实了《国家电网有限公司关于印发十八项电网重大反事故措施（修订版）的通知》（国家电网设备〔2018〕979 号）相关要求。

3. 线路

（1）本工程架空线路设计方案充分考虑了事故风险，特殊地形地质、极端恶劣气象；对崩塌、滑坡、泥石流、洪水等不良地质灾害予以避让，对塔基采取了加固等防护措施；杆塔按规定采用国家电网有限公司通用设计相应模块。

（2）某“三跨段”按独立耐张段设计，跨越某杆塔结构重要系数按不低于 ×× 进行设计，线路与 ×× 交叉角不小于 ××°，跨越档导、地线不设置接头，跨越档内导、地线悬垂金具采用独立双串设计，安装图像监测装置。

（3）本工程 110kV 线路按 ×× 级配置防污绝缘设备。

（4）线路处于 ×× 级雷害区，采用相应措施。

（5）线路处于 ×× 级鸟害区，××km 范围内瓶串上方加装防鸟刺、防鸟挡板。

（6）线路处于 ×× 级舞动区，某走向线路导线加装 ××。

本工程电缆线路设计方案充分考虑了其损坏事故风险。根据线路输送容量、系统运行条件、电缆路径、敷设方式和环境等合理选择了电缆和附件结构形式；进行了电缆线路防火设施专题设计；电缆采用专用 ×× 敷设；电缆布置满足有关标准及安全要求。

本工程设计方案落实了《国家电网有限公司关于印发十八项电网重大反事故措施（修订版）的通知》（国家电网设备〔2018〕979 号）相关要求。

4. 土建

设计方案满足了 110 kV 变电站抗洪涝、地震等自然灾害相关规范要求，站址区域内无风灾、冰灾、雷电等自然灾害；周边地质环境稳定，无采空、塌陷等不良地质灾害；无污染等环境灾害；地面无文物遗存，地下无矿藏资源、管道及通信电缆，附近无军事设施、导航台及自然文物保护区，适宜建 110 kV 变电站。

设计方案落实了《国家电网有限公司关于印发十八项电网重大反事故措施（修订版）的通知》（国家电网设备〔2018〕979 号）中相关条款的规定。

六、评审前后规模及投资变化说明

评审前，输变电工程静态投资 ×× 万元，动态总投资 ×× 万元，评审后，静态投资 ×× 万元，动态总投资 ×× 万元，静态投资核增（减）×× 万元。

示例：某 110kV 变电站新建工程（国网湖北省电力有限公司出资）。

评审前，本工程静态投资 ×× 万元，动态投资 ×× 万元；评审后，本工程静态投资 ×× 万元，动态投资 ×× 万元，静态投资核增（减）×× 万元，主要原因略。

七、与标准参考价对比分析

武汉某（含行政区）110kV 变电站新建工程（示例）

选用建设〔2022〕11 号文（如有 2023 年文件则执行新文件）关于印发国网湖北省电力有限公司输变电工程多维立体参考价（2022 年版）A2-×× 模块，参考价静态投资为 ×× 万元，增（减）×× 台 ××MVA 主变压器（GIS）×× 万元，增（减）×× 回 110kV 出线（GIS）×× 万元，增（减）×× 回 10kV 出线（开关柜）×× 万元，调整后的静态投资为 ×× 万元（或本工程采用主变压器容量 ×63MVA（×80MVA），10（20）kV 开关柜采用气体绝缘柜），调整后的多维立体参考价为 ×× 万元，本工程静态投资为 ×× 万元，增加（减少）×× 万元，原因分析如下：

（1）建筑工程费较参考价增加（减少）×× 万元。主要原因是：具体增加（减少）的工程量。

（2）设备购置费增加（减少）×× 万元，主要原因是：具体增加（减少）的设备购置及信息价。

（3）安装工程费增加（减少）×× 万元，主要原因是：具体增加的材料费及相关费用。

（4）其他费用增加（减少）×× 万元，主要原因是：

其他费增加（减少）的具体说明。

八、投资估算

本工程总投资 ×× 万元，其中国网湖北省电力有限公司投资 ×× 万元，政府投资 ×× 万元（含政府变电站土建投资及电缆架空线路差价投资）。

国网湖北省电力有限公司投资部分，动态投资 ×× 万元，静态投资 ×× 万元，建设期利息 ×× 万元。在静态投资中，变电工程 ×× 万元，110kV 线路工程 ×× 万元。

九、可研经济性和财务合规性

（1）按要求提交了可研报告及投资估算书，以及经济性评价和财务合规性评价所需的附表，提交的评审资料齐全。

（2）项目投资建设的必要性充分，未包含车辆购置等固定资产零星购置项目，无项目分拆现象，其他费用计列合理。有主要拆除物资的基本情况及处置意见。

（3）可研经济性分析计算了财务净现值、项目内部收益率（IRR）、静态回收期、总投资收益率等四项指标，分别为财务净现值××（二位小数）万元、项目内部收益率（*IRR*）××（一位小数）%、静态回收期××（二位小数）年、总投资收益率××（一位小数）%，均符合立项要求。

（4）项目年度现金流及支出预算根据工期安排合理。

附　录

附录 1　重要文件汇编

1. 国家法律法规

《输变电工程可行性研究内容深度规定》DL/T 5448—2012

《建设项目环境保护管理条例》（国务院令第 682 号修订，自 2017 年 10 月 1 日起施行）

2. 政府部门管理规定

《省自然资源厅关于生态保护红线评估过渡时期重大项目占用生态保护红线有关意见的通知》（鄂自然资函〔2019〕646 号，2019 年 11 月 21 日）

《关于印发〈建设项目环境影响报告表〉内容、格式及编制技术指南的通知》（环办环评〔2020〕33 号）

《关于印发〈武汉市建设世界一流城市电网高压电力通道技术导则〉的通知》（武城建〔2022〕6 号）

《国铁集团关于加强涉铁工程管理的指导意见》（铁工电

〔2021〕85 号）。

3. 技术导则、标准及技术规范

《电力系统安全稳定导则》GB 38755—2019

《电力系统技术导则》GB/T 38969—2020

《220kV 及 110（66）kV 输变电工程可行性研究内容深度规定》Q/GDW 10270—2017

《项目可研设计、评审及批复文件编制规范》Q/GDW 11770—2017

《110kV ～ 750kV 架空输电线路设计规范》GB 50545—2010

《35kV ～ 220kV 变电站无功补偿装置设计技术规定》DL/T 5242—2010

《建筑设计防火规范（2018 年版）》GB 50016—2018

《变压器、高压并联电抗器和母线保护及辅助装置标准化设计规范》Q/GDW 175—2008

《湖北电网规划建设改造技术原则》鄂电司发展〔2023〕101 号

《35kV ～ 110kV 变电站设计规范》GB 50059—2011

《电力工程电缆设计标准》GB 50217—2018

《电化学储能电站设计规范》GB 51048—2014

《继电保护和安全自动装置技术规程》GB/T 142856—2023

《风电场接入电力系统技术规定　第 1 部分：陆上风电》GB/T 19963.1—2021

《重要电力用户供电电源及自备应急电源配置技术规范》GB/T

29328—2018

《电动汽车充换电设施接入配电网技术规范》GB/T 36278—2018

《电力系统安全稳定计算规范》GB/T 40581—2021

《大型风电场并网设计技术规范》NB/T 31003—2011

《电力网无功补偿配置技术导则》DL/T 2114—2020

《分布式电源接入电网技术规定》Q/GDW 1480—2015

《光伏发电站接入电网技术规定》Q/GDW 1617—2015

《配电网规划设计技术导则》Q/GDW 10738—2020

《分布式电源接入配电网设计规范》Q/GDW 11147—2017

《电力通信网规划设计技术导则》Q/GDW 11358—2019

《调度自动化规划设计技术导则》Q/GDW 11360—2014

《国家电网有限公司差异化规划设计导则》Q/GDW 11721—2017

《隧道内电力电缆本体及环境监测配置技术原则》Q/GDW 12066—2020

《电力电缆隧道监测及通信系统设计技术导则》Q/GDW 12080—2021

4. 国家电网有限公司管理文件

《国家电网有限公司关于印发十八项电网重大反事故措施（修订版）的通知》（国家电网设备〔2018〕979 号）

《国网基建部关于发布输变电工程通用设计通用设备应用目录（2023 年版）的通知》（基建技术〔2023〕5 号）

《国家电网有限公司关于开展综合计划项目储备工作的通知》

（国家电网发展〔2017〕260 号）

《国家电网有限公司关于进一步适应核准制改革加强电网管理的意见》（国家电网发展〔2015〕274 号）

《国网发展部关于进一步加强 220kV 及以下电网项目可研管理有关要求的通知》（国家电网发展规二〔2013〕327 号）

《国家电网有限公司关于进一步深化项目可研经济性与财务合规性评价工作的通知》（国家电网财〔2015〕536 号）

《国网湖北省电力有限公司关于印发变电站一键顺控及主辅设备全面监控项目实施工作方案的通知》（鄂电司设备〔2019〕77 号）

《国网湖北省电力有限公司关于印发变电设备选型补充条款的通知》（鄂电司设备〔2021〕19 号）

《国家电网有限公司电网规划工作管理规定》（国家电网企管〔2017〕718 号）

《国家电网有限公司规划管理办法》（国家电网企管〔2017〕505 号）

《国家电网有限公司电网项目可行性研究工作管理办法》［国网（发展/2）996—2021］

《国家电网有限公司电网项目前期工作管理办法》［国网（发展/2）760—2022］

《国家电网有公司规划设计单位专业管理规定》（国家电网企管〔2014〕1605 号）

《关于规范电网建设项目可行性研究、初步设计环境保护及水土保持篇章编制与审查工作的通知》（科信〔2017〕14 号）

《国网发展部关于开展220kV及以下特殊电网项目和独立二次项目可研安全校核分析的通知》(发展规二〔2018〕35号)

《国家电网有限公司关于印发电网设备技术标准差异条款统一意见的通知》(国家电网科〔2017〕549号)

《国网基建部关于发布35～750kV变电站通用设计通信、消防部分修订成果的通知》(基建技术〔2019〕51号)

《国网设备部关于印发推进变电运维模式优化及集控站试点建设工作等4项意见(规定)的通知》(设备变电〔2020〕57号)

《国网设备部关于印发〈220kV及以下变电站区域型远程智能巡视系统技术规范(试行)〉等四项规范的通知》(设备监控〔2022〕93号)

《国家电网有限公司关于印发电网运行有关技术标准差异协调统一条款的通知》(国家电网科〔2023〕273号)

《国网湖北省电力有限公司关于印发〈公司技术监督管理办法〉等7项管理制度的通知》(鄂电司技监〔2023〕2号)

《国网湖北省电力有限公司关于印发输变电工程可研初设审查统一技术条款的通知》(鄂电司设备〔2019〕22号)

《国网湖北省电力有限公司关于印发输变电概算编制细则的通知》(鄂电司建设〔2023〕39号)

《国网湖北省电力有限公司关于印发〈一键顺控改造技术标准(修订版)〉等3项标准(规范)的通知》(鄂电司设备〔2023〕50号)

《关于印发基建专业深度介入可研评审重点关注要点的通知》(建设〔2021〕30号)

附录 2　35 ~ 110kV 电网建设规划评审相关表图

附表 2-1　　　　　　　　可研评审管理流程

可研评审管理流程图						
	市公司		市经研所		咨询设计单位	
	发展策划部	相关部门	规划评审市室	综合技经室	咨询设计单位	过程描述
下达可研任务	开始 1. 制定前期工作计划 2. 下达可研任务					1. 市公司发展策划都根据最新调整的规划项目库制定项目前期工作计划。 2. 市公司发展策划都根据可研项目招投标结果，下达可研任务
可研报告编制			4. 组织可研内审		3. 形成可研设计报告	3. 咨该设计单位形成可研设计报告。 4. 经研所对可研报告进行内审
可研评审	6.1 组织评审	6.2 参与评审	6.3 组织技术评审 7 出具修改意见 9 编制评审意见 11. 评审意见审核、签发上报市公司发策部 12. 资料存档，结束		5. 修改报告 8 完成修改报告 10 编制可研经济性与财务合规性评审意见	5. 咨价设计单位根据内审意见修改可研投告。 6. 经研所规划评审室组织正式评审、相美部门予以配合，市公司发展策划部等相关部门、区县公司发展策划部等相关部门参与配合。 7. 经研所对可研报告出具修改意见。 8. 咨该设计单位根据修改意见完善可研报告，完成可研报告。 9. 经研所规划评审室编制评审意见，规划评审室主任进行初审。 10. 经研所综合技经室增加可研经济性与财务合规性评审意见，形成经研所最终评审意见。 11. 经研所规划评审主任（副主任）审核，经研所分管领导签发，经办公室上投市公司发策部评审意见。 12. 评市意见等资料归档

附表 2-2　　　　可研技术监督意见表

编号：（××部）××年××号

<table>
<tr><td>工程（项目）名称</td><td colspan="3">（填写说明：本栏填写技术监督具体的工程或项目名称）</td></tr>
<tr><td>项目单位</td><td colspan="3">（填写说明：本栏填写工程或项目具体实施管理单位，被监督单位）</td></tr>
<tr><td>监督环节及专业</td><td colspan="3">（填写说明：本栏填写监督环节如规划可研、工程设计等，监督专业如电网一次设备、二次系统等）</td></tr>
<tr><td rowspan="2">监督意见采纳情况</td><td>监督意见</td><td>采纳情况</td><td>意见采纳及措施（或未采纳及理由）</td></tr>
<tr><td>监督意见
（填写说明：填写具体监督意见）</td><td>（填写说明：填“已采纳”或“未采纳”）</td><td>（填写说明：本栏填写若意见被采纳，需填写具体整改措施；若未采纳，应填写不采纳的理由）</td></tr>
<tr><td>监督专家（签字）</td><td colspan="3"></td></tr>
<tr><td>主管部门（签字盖章）</td><td colspan="3">签字：
日期：
（部门盖章）</td></tr>
<tr><td>技术委员会审核（签字盖章）</td><td colspan="3"></td></tr>
</table>

附表 2-3　　　　电网接入方案技术审查意见表

编号:（××部）××年××号

<table>
<tr><td>工程（项目）名称</td><td colspan="3">国网××供电公司××kV××电网工程
（填写说明：本栏填写方案审查具体的工程或项目名称）</td></tr>
<tr><td>项目单位</td><td colspan="3">国网××供电公司
（填写说明：本栏填写工程或项目具体实施管理单位，被审查单位）</td></tr>
<tr><td>技术审查环节及专业</td><td colspan="3">电网接入、一次设备、二次系统等
（填写说明：本栏填写技术审查环节如电网接入、设备选型、设备设计，审查专业如电网一次设备、二次系统等）</td></tr>
<tr><td rowspan="2">技术审查意见采纳情况</td><td>审查意见</td><td>采纳情况</td><td>意见采纳及措施（或未采纳及理由）</td></tr>
<tr><td>审查意见 1:（问题简述）不满足《国家电网有限公司十八项反事故措施》××条款规定:
2.（问题简述）不满足公司设备入网选型原则××条款规定:
3.（问题简述）不满足GB/T…××条款规定:
4.（问题简述）不满足××规程…××条款规定
（填写说明：填写具体审查意见）</td><td>1. 已采纳
2. 已采纳
3. 已采纳
4. …
（填写说明：填“已采纳”或“未采纳”）</td><td>填写说明：本栏填写若意见被采纳，需填写具体整改措施；若未采纳应填写不采纳的理由）</td></tr>
<tr><td>技术审查专家（签字）</td><td colspan="3"></td></tr>
<tr><td>主管部门（签字盖章）</td><td colspan="3">签字:
日期:
（部门盖章）</td></tr>
</table>

附表 2-4

武汉 XX（含行政区）110kV 输变电工程投资估算表

单位：MVA/ 个 /km/ 万元

序号	项目名称	建设规模					投资估算									备注
		变电容量	间隔	架空线	电缆	光缆	建筑工程费	设备购置费	安装工程费	其他费用		基本预备费	静态合计	动态合计	静态单位造价（元 / kVA）	
										合计	其中：场地征用和清理					
一	变电工程（国网出资）															
1	武汉某（含行政区）110kV 变电站新建工程（电气部分）															含站内通信设备
2	间隔扩建或保护改造等（根据实际建设规模描述）															

续表

序号	项目名称	建设规模					投资估算									备注
		变电容量	间隔	架空线	电缆	光缆	建筑工程费	设备购置费	安装工程费	其他费用		基本预备费	静态合计	动态合计	静态单位造价（元 / kVA）	
										合计	其中：场地征用和清理					
二	线路工程															
1	××—××110kV线路工程（电缆电气部分）															电缆型号
2	电缆土建或电缆监测（根据实际建设规模描述）															
	合计															

续表

序号	项目名称	建设规模					投资估算									备注
		变电容量	间隔	架空线	电缆	光缆	建筑工程费	设备购置费	安装工程费	其他费用		基本预备费	静态合计	动态合计	静态单位造价（元/kVA）	
										合计	其中：场地征用和清理					
三	政府出资部分															
1	某 110kV 变电站新建工程（政府出资）															政府出资
	总计															

附表 2-5　武汉某（含行政区）110kV 输变电工程建设规模及评审前后投资变化表

单位：MVA/ 个 /km/ 万元

序号	项目名称	评审前建设规模					评审后建设规模					评审前投资估算				评审后投资估算				投资调整	
		变电	间隔	架空线	电缆	光缆	变电	间隔	架空线	电缆	光缆	本体静态投资	场地费	静态	动态	本体静态投资	场地费	静态	动态	静态	动态
合计																					
1	同附 2 描述（含政府投资土建）																				

附表 2-6　武汉某（含行政区）110kV 输变电工程技术方案一览表

序号	项目名称	站址	主变压器规模（MVA）		220kV 出线		110kV 出线		10kV 出线		无功配置电容器电抗器（MVA）		通用设计方案	主接线			总占地（原 / 本期）/ 公顷
			远期	本期	远期	本期	远期	本期	远期	本期	远期	本期		高压侧	中压侧	低压侧	
1	武汉某（含行政区）110kV 变电站新建工程																

附表 2-7　武汉某（含行政区）110kV 输变电工程线路工程技术方案一览表

序号	项目名称	线路长度（km）		气象条件		导线（电缆）型号	地线型号	绝缘子形式		新建铁塔数量	通用设计模块	主要基础形式	电缆敷设方式
		架设方式	折单长度	风速（m/s）	覆冰（mm）			悬垂	耐张				
1	××—××（含行政区）110kV 线路工程												

附表 2-8 武汉某（含行政区）110kV 输变电工程单体项目效益可测算的可研经济性评价指标计算表

项目名称：武汉某（含行政区）110kV 输变电工程

1. 项目投资估算总额（万元）：××
2. 预计项目融资总额（万元）：××
3. 项目建设期和运营期数据预测

项目期间	预测年数	预测增供电量（kWh）	预测电价水平（元/kWh）	预测运营期增加营业收入（现金流流入）（万元）	预测建设期投入成本和运营期增加运维成本（现金流流出）（万元）	预计现金流净增加（万元）
建设期	第 1 年					
	第 2 年					
	……					
运营期	第 1 年					
	第 2 年					
	第 3 年					
	第 4 年					
	第 5 年					
	第 6 年					
	第 7 年					
	第 8 年					
	第 9 年					
	第 10 年					
	第 11 年					
	第 12 年					

续表

项目期间	预测年数	预测增供电量（kWh）	预测电价水平（元/kWh）	预测运营期增加营业收入（现金流流入）（万元）	预测建设期投入成本和运营期增加运维成本（现金流流出）（万元）	预计现金流净增加（万元）
运营期	第 13 年					
	第 14 年					
	第 15 年					
	第 16 年					
	第 17 年					
	第 18 年					
	第 19 年					
	第 20 年					
	第 21 年					
	第 22 年					
	第 23 年					
	第 24 年					
	第 25 年					
累计净现金流量						

注 1. 预计现金流净增加“+”表示现金流净流入，“–”表示现金流净流出。

2. 预测电价水平（元/kWh）应小于平均售、购电单价差额。

附表 2-9　　经济效益指标计算过程及结果

指标名称	计算公式	计算结果	建议评价标准	指标说明
财务净现值	$\sum_{t=0}^{n}(CI-CO)_t(1+i_0)^{-t}$		财务净现值 > 0	该指标折现率可选择五年期国债利率
项目内部收益率（IRR）	$\sum_{t=0}^{n}(CI-CO)_t(1+IRR)^{-t}=0$		IRR=4.1%	
项目静态回收期	累计净现金流量出现正值的上一年份数 +（出现正值上一年累计净现金流量的绝对值 / 出现正值年份的净现金流量）		项目静态回收款应小于该类资产的折旧年限	
总投资收益率	年均息税前利润 / 总投资 =（累计净现金流量 / 年数 – 该资产年折旧额 – 按资产为权数分摊的其他运维成本）/ 总投资		不低于资产收益率考核指标	因项目资产未形成独立的报表，因此以资产为权数，测算分摊生产成本

注　股权投资项目不适用本表。

附表 2-10　武汉某（含行政区）110kV 输变电工程投资估算总额分项、分年度支出表

<table>
<tr><td colspan="8">1. 项目名称：武汉某（含行政区）110kV 输变电工程</td></tr>
<tr><td rowspan="2">2. 项目投资情况</td><td rowspan="2">金额（万元）</td><td colspan="6">预计分年度投资比例和支出比例（%）</td></tr>
<tr><td></td><td>第1年</td><td>第2年</td><td>第3年</td><td>第4年</td><td>第5年</td></tr>
<tr><td rowspan="2">投资估算总额合计</td><td rowspan="2"></td><td>投资比例</td><td>100</td><td></td><td></td><td></td><td></td></tr>
<tr><td>资金支出比例</td><td>100</td><td></td><td></td><td></td><td></td></tr>
<tr><td rowspan="2">其中：建筑工程费</td><td rowspan="2"></td><td>投资比例</td><td>100</td><td></td><td></td><td></td><td></td></tr>
<tr><td>资金支出比例</td><td>100</td><td></td><td></td><td></td><td></td></tr>
<tr><td rowspan="2">安装工程费</td><td rowspan="2"></td><td>投资比例</td><td>100</td><td></td><td></td><td></td><td></td></tr>
<tr><td>资金支出比例</td><td>100</td><td></td><td></td><td></td><td></td></tr>
<tr><td rowspan="2">设备购置费</td><td rowspan="2"></td><td>投资比例</td><td>100</td><td></td><td></td><td></td><td></td></tr>
<tr><td>资金支出比例</td><td>100</td><td></td><td></td><td></td><td></td></tr>
<tr><td rowspan="2">工程其他费用</td><td rowspan="2"></td><td>投资比例</td><td>100</td><td></td><td></td><td></td><td></td></tr>
<tr><td>资金支出比例</td><td>100</td><td></td><td></td><td></td><td></td></tr>
<tr><td colspan="2">3. 项目是否有可研报告和项目建议书：</td><td colspan="2">可行性研究报告（√）</td><td colspan="2">项目建议书</td><td colspan="2">其他（请说明）</td></tr>
<tr><td colspan="2">4. 项目是否适用单体项目效益可测算：</td><td colspan="2">适用（√）</td><td colspan="2">不适用</td><td colspan="2">其他（请说明）</td></tr>
</table>

注 1. 基建和技改类项目应分建筑工程费、安装工程费、设备购置费、工程其他费用填列投资估算额，其他项目若无法分项填列仅填报投资估算总额和设备购置费。

2. 股权投资项目不适用本表。

附表 2–11　武汉某（含行政区）110kV 输变电工程项目可研经济性评价审核表

一、单体项目效益可测算的可研经济性评价审核表

1. 预测因素是否合理合理				
2. 指标审查意见	计算结果	是否达标	建议评价标准	指标说明
财务净现值		是	财务净现值＞0	该指标折现率可选择五年期国债利率
项目内部收益率（*IRR*）		是	*IRR*=4.1%	
项目静态回收期		是	项目静态回收款应小于该类资产的折旧年限	
总投资收益率		是	不低于资产收益率考核指标	因项目资产未形成独立的报表，因此以资产为权数，测算分摊生产成本
可研经济性、财务合规性审核综合意见符合可研经济性、财务合规性相关要求				

二、单体项目效益不可测算的可研经济性评价审核表

1. 选取类似项目的可比性分析是否合理
2. 各修正系数是否合理
3. 可研经济性、财务合规性审核综合意见

注　股权投资项目不适用本表。

附表 2-12　武汉某（含行政区）110kV 输变电工程可研经济性、财务合规性审核结果汇总表

审核内容	可行性研究报告			项目建议书			对应的资料完整性审查		
（一）财务财务合规性审查									
1. 是否发现存在超标准、超规格购建资产	是	否（√）	不适用	是	否	不适用	完整（√）	基本完整	不完整
2. 是否发现包含其他类别项目	是	否（√）	不适用	是	否	不适用	完整（√）	基本完整	不完整
3. 是否发现分拆立项	是	否（√）	不适用	是	否	不适用	完整（√）	基本完整	不完整
4. 是否发现重复立项	是	否（√）	不适用	是	否	不适用	完整（√）	基本完整	不完整
5. 是否发现项目资本性支出与成本性支出划分不准确	是	否（√）	不适用	是	否	不适用	完整（√）	基本完整	不完整
6. 是否发现拆旧物资数量及处理方案不合理	是	否（√）	不适用	是	否	不适用	完整（√）	基本完整	不完整
7. 是否发现工程其他费用支出不合理	是	否（√）	不适用	是	否	不适用	完整（√）	基本完整	不完整
8. 是否发现不合理频繁改造或修理的情况	是	否（√）	不适用	是	否	不适用	完整（√）	基本完整	不完整

续表

审核内容	可行性研究报告			项目建议书			对应的资料完整性审查		
（二）项目可研经济性审查									
是否发现投资能力和投资规模不匹配	是	否（√）	不适用	是	否	不适用	完整（√）	基本完整	不完整
是否发现单项投资不经济	是	否（√）	不适用	是	否	不适用	完整（√）	基本完整	不完整
是否发现投资成本不合理	是	否（√）	不适用	是	否	不适用	完整（√）	基本完整	不完整
从资产全寿命周期分析，是否发现本次投资不合理	是	否（√）	不适用	是	否	不适用	完整（√）	基本完整	不完整
（三）其他方面审查									
是否发现相关信息不满足预算编制需要	是	否（√）	不适用	是	否	不适用	完整（√）	基本完整	不完整
财务部门总体审核意见：该项目符合经济性与财务合规性审核要求，同意上报。									

附表 2-13　武汉某（含行政区）110kV 输变电工程投资估算总额预算编制衔接表

1. 项目投资情况	金额（万元）	预计分年度投资比例和支出比例（%）					
			第1年	第2年	第3年	第4年	第5年
投资估算总额合计		投资比例	100%				
		资金支出比例	100%				
其中：建筑工程费		投资比例	100%				
		资金支出比例	100%				
安装工程费		投资比例	100%				
		资金支出比例	100%				
设备购置费		投资比例	100%				
		资金支出比例	100%				
工程其他费用		投资比例	100%				
		资金支出比例	100%				
2. 年度支出预算			10528				
3. 年度现金流预算			10528				

附表 2-14　　参会单位及人员名单

<table>
<tr><td colspan="4">业主单位</td></tr>
<tr><td>序号</td><td>单位</td><td>部门（单位）</td><td>人员名单</td></tr>
<tr><td>一</td><td>某供电公司</td><td>发展策划部</td><td></td></tr>
<tr><td colspan="4">设计和评审单位</td></tr>
<tr><td>序号</td><td>单位</td><td>专业</td><td>人员名单</td></tr>
<tr><td>二</td><td>某经研所</td><td></td><td></td></tr>
<tr><td rowspan="8">三</td><td rowspan="8">某设计院有限公司</td><td>设总</td><td></td></tr>
<tr><td>系统</td><td></td></tr>
<tr><td>变电</td><td></td></tr>
<tr><td>土建</td><td></td></tr>
<tr><td>通信</td><td></td></tr>
<tr><td>线路</td><td></td></tr>
<tr><td>变电技经</td><td></td></tr>
<tr><td>线路技经</td><td></td></tr>
<tr><td rowspan="7">四</td><td rowspan="7">某电力工程咨询有限公司</td><td>项目经理</td><td></td></tr>
<tr><td>系统</td><td></td></tr>
<tr><td>变电</td><td></td></tr>
<tr><td>土建</td><td></td></tr>
<tr><td>线路</td><td></td></tr>
<tr><td>变电技经</td><td></td></tr>
<tr><td>线路技经</td><td></td></tr>
</table>

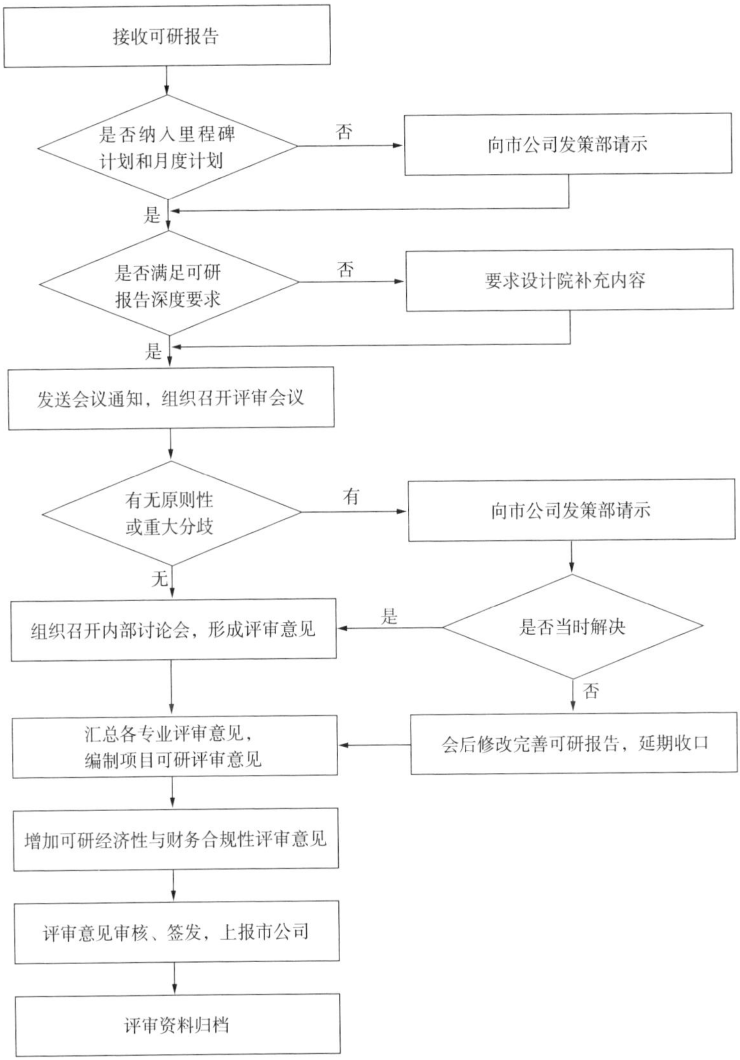

附图 2-1　可研评审工作流程图

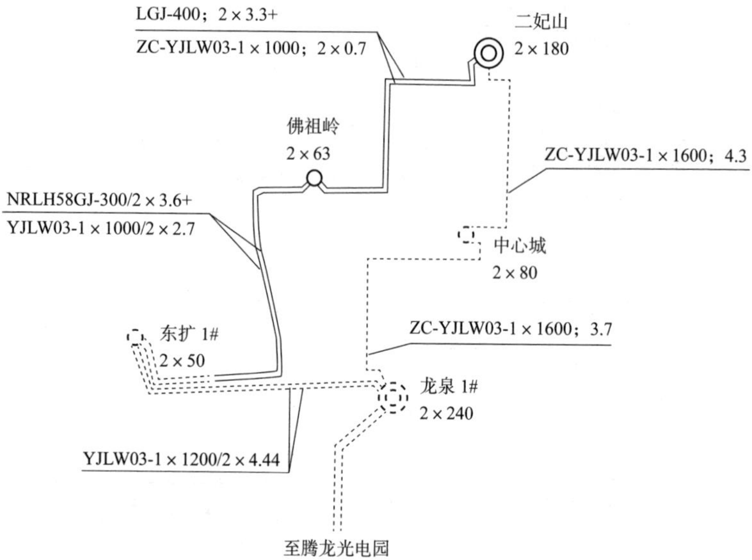

附图 2-2　武汉某（含行政区）110kV 输变电工程接入系统示意图

注：要求本工程接入线路用红色虚线图例，周边规划线路用黑色虚线，规划变电站也用虚线。